U0182340

# 华 中 地 区

## 常见食用野生植物图鉴

主编　姚发兴　陈　亮　刘　虹
副主编　侯建军　覃　瑞

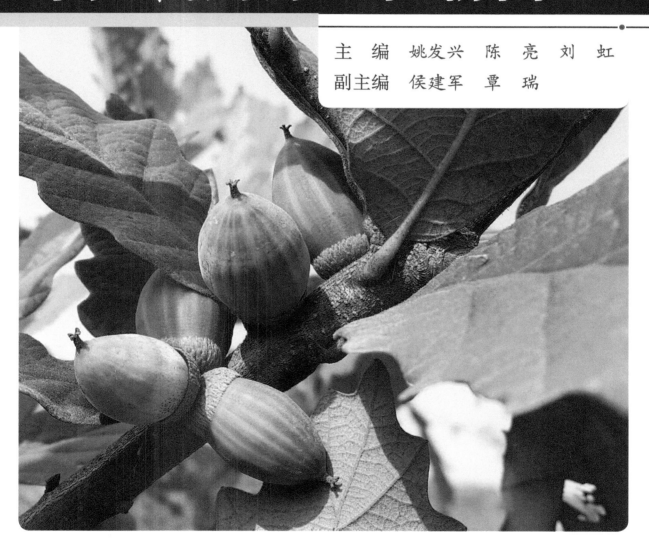

科学出版社
北　京

# 内 容 简 介

本书共收载华中地区食用野生植物 305 种（含变种，仅提及而未提供照片的种类未计），分属于藻类、菌类、地衣、蕨类和种子植物五大类群。书中对各种植物的科属分类、拉丁学名和中文正名进行了缜密的考证。每种植物（条目）有比较系统的文字简介（学名、别名、形态特征、生境分布、食药价值），并附有清晰的彩色图片。本书语言通俗易懂、图文并茂，突出了科普性和实用性。学习、认识这些植物，有助于开展户外植物调查采集活动，以及野外探险过程中寻求应急维生食物。

该书可作为从事植物资源开发利用的大专院校师生的参考书，也可作为植物爱好者的休闲读物。

**图书在版编目（CIP）数据**

华中地区常见食用野生植物图鉴 / 姚发兴，陈亮，刘虹主编. —北京：科学出版社，2022.1

ISBN 978-7-03-071057-4

Ⅰ. ①华… Ⅱ. ①姚… ②陈… ③刘… Ⅲ. ①野生植物-食用植物-中国-图谱 Ⅳ. ①Q949.91-64

中国版本图书馆 CIP 数据核字（2021）第 265813 号

责任编辑：王 彦 / 责任校对：马英菊
责任印制：吕春珉 / 封面设计：东方人华平面设计部

科 学 出 版 社 出版

北京东黄城根北街16号
邮政编码：100717
http://www.sciencep.com

**北京中科印刷有限公司** 印刷

科学出版社发行 各地新华书店经销

*

2022 年 1 月第 一 版 开本：889×1194 1/16
2022 年 1 月第一次印刷 印张：11 1/2
字数：354 000

**定价：148.00 元**
（如有印装质量问题，我社负责调换）

销售部电话 010-62136230 编辑部电话 010-62130750

# 前　言
## FOREWORD

　　食用野生植物是指可被人类直接或间接食用的野生原料植物，包括山野菜植物、药食同源植物、饮品植物、淀粉植物、油脂植物、香料植物、色素植物等功能植物类型。研究表明，很多食用野生植物含有丰富的维生素 C 和矿质元素。它们不但风味独特，而且营养保健价值优于栽培植物，被现代人视为真正的无公害"绿色食品"。

　　随着社会的进步，科学、文化的普及和生活水平的提高，人们对食物的选择也有了新的标准和要求。一些高蛋白、高食物纤维、高维生素和含有人体所必需的微量元素的食用野生植物备受消费者青睐。过去饥荒战乱之年为了充饥果腹、赖以度荒救命的食用野生植物，如今已成为人们品珍尝鲜的美味佳肴。有些野生果蔬味道鲜美，人们喜食、常食；有些则名不见经传，甚至苦涩难咽。中医认为，春夏季常食一些时令苦味野菜，能清热解毒，去肝火，有益于人体健康。

　　华中地区（湖北、湖南及河南三省）位于我国中部、黄河中下游和长江中游地区。华中地区是中国植物资源的核心地带，无论是物种数量还是区系成分，在世界上均具有极强的典型性、代表性和特有性，如三峡、神农架一带就是许多中国特有植物的原产地。华中地区有我国著名的神农架林区、大别山区、桐柏山区、武陵源山区、幕阜山区、长江、黄河、汉江、洞庭湖、洪湖和梁子湖等，它既是我国南部亚热带与北部暖温带的过渡地带，又是我国西南部高原与东部低山丘陵的连接区域，其独特的地理位置和优越的自然环境为植物生长繁衍提供了得天独厚的条件，被列为世界上 25 个植物多样性保护的关键区域之一，其中蕴藏着丰富的食用野生植物资源。

　　本书收载了华中地区的食用野生植物 305 种（含变种，仅提及而未提供照片的种类未计），分属于藻类、菌类、地衣、蕨类和种子植物五大类群。本书对各种植物的科属分类、拉丁学名和中文正名进行了缜密的考证。每种植物（条目）有比较系统的文字简介（学名、别名、形态特征、生境分布、食药价值），并附有彩色图片，便于读者进行识别。

　　编者分工：姚发兴负责野外植物调查、图片拍摄和全书文字的编写；陈亮、刘虹负责野外植物调查、图片拍摄及整理；侯建军、覃瑞负责协调各项工作，组织讨论确定编写提纲、框架内容和条目编写规范，并拍摄植物图片。

　　本书的出版，得到了湖北省科学技术协会、湖北师范大学和黄石市科学技术协会的大力支持和"食用野生植物保育与利用湖北省重点实验室"的资助。香港嘉道理农场暨植物园张金龙、河南农业大学叶永忠及中国科学院武汉植物园杨春锋等同志提供了部分植物照片，在此一并感谢。

　　由于编者水平有限，以及调研条件所限，书中难免出现不足之处，敬请读者批评指正。

# 采集利用食用野生植物的注意事项

在长期的生产和生活实践中，人们已经总结出一些采食食用野生植物的经验。

1. 要特别注意人身安全

食用野生植物一般生长在荒郊野外，野外采集时难免发生意外，所以不要去危险的地方采集。

2. 不采食被污染的食用野生植物

生长在化工厂、医院、公园、社区、公路或污染水源附近的植物，通常受到有毒物质（如重金属、除草剂等）或有害生物的严重污染，所以不采摘这些地方的植物。

3. 不采食不认识的野生植物

拿不准的野菜、野果，不要采集或随意品尝，以免引起食物中毒。植物的采集部位也很重要，如玉竹的嫩茎叶和根茎可以食用，而果实有毒。已证实能引起人体严重中毒的野菜也不要采，如商陆、龙葵、千里光等。

4. 食用前的处理加工

野菜采回后要进行认真挑选清洗，一般需要开水烫过，以减少硝酸盐和亚硝酸盐的残留。生长在田间地头可能被农药间接污染的野菜，应用淡盐水或头两次的淘米水浸泡，让农药溶解或中和其毒性。对于苦涩味较重的野菜，先在开水里焯几分钟，再用清水浸泡数小时。

5. 食用具有光敏性的野生植物时要小心

有些常见野菜，如灰灰菜、荠菜、腊菜、水芹菜、香椿、马齿苋等，食用后会增加人体对紫外线的吸收。如果食用这些野菜后晒太阳，极易诱发日光性皮炎，所以最好在晚餐时食用。

6. 保护食用野生植物资源

"谁拥有资源，谁就拥有未来。"对于任何一种食用野生植物，都不要过度采集，基本原则是采大留小，采多留少。

# 目 录
## CONTENTS

### 1 藻类

普通念珠藻 ·················· 2
拟球状念珠藻 ·················· 2
刚毛藻 ·················· 3
水绵 ·················· 3

### 2 菌类

羊肚菌 ·················· 6
木耳 ·················· 6
毛木耳 ·················· 7
棕黄枝瑚菌 ·················· 7
茯苓 ·················· 8
灵芝 ·················· 8
糙皮侧耳 ·················· 9
金针菇 ·················· 9
花脸香蘑 ·················· 10
松口蘑 ·················· 10
草菇 ·················· 11
蘑菇 ·················· 11
毛头鬼伞 ·················· 12
小灰球菌 ·················· 12
头状秃马勃 ·················· 13
大秃马勃 ·················· 13
美味牛肝菌 ·················· 14
松乳菇 ·················· 14
长裙竹荪 ·················· 15
玉米黑粉菌 ·················· 15

### 3 地衣

石耳 ·················· 18
长松萝 ·················· 18

### 4 蕨类

紫萁 ·················· 20
芒萁 ·················· 20
蕨 ·················· 21
凤丫蕨 ·················· 22
蘋 ·················· 22

### 5 种子植物

银杏 ·················· 24
玉兰 ·················· 24
山鸡椒 ·················· 25
豹皮樟 ·················· 25
蕺菜 ·················· 26
五味子 ·················· 26
芡实 ·················· 27
萍蓬草 ·················· 27
莼菜 ·················· 28
三叶木通 ·················· 28
木通 ·················· 29
杜仲 ·················· 29
榆树 ·················· 30
桑 ·················· 30
鸡桑 ·················· 31
构树 ·················· 31
薜荔 ·················· 32
珍珠莲 ·················· 32
异叶榕 ·················· 33
地果 ·················· 33
柘 ·················· 34
葎草 ·················· 34
荨麻 ·················· 35

庐山楼梯草 ……………………… 35
糯米团 …………………………… 36
水麻 ……………………………… 36
青钱柳 …………………………… 37
胡桃楸 …………………………… 37
山核桃 …………………………… 38
茅栗 ……………………………… 38
锥栗 ……………………………… 39
苦槠 ……………………………… 39
柯 ………………………………… 40
青冈 ……………………………… 40
栓皮栎 …………………………… 41
麻栎 ……………………………… 41
枹栎 ……………………………… 42
槲栎 ……………………………… 42
白栎 ……………………………… 43
地肤 ……………………………… 43
藜 ………………………………… 44
小藜 ……………………………… 44
猪毛菜 …………………………… 45
青葙 ……………………………… 45
反枝苋 …………………………… 46
刺苋 ……………………………… 46
皱果苋 …………………………… 47
凹头苋 …………………………… 47
牛膝 ……………………………… 48
莲子草 …………………………… 48
马齿苋 …………………………… 49
土人参 …………………………… 49
落葵薯 …………………………… 50
孩儿参 …………………………… 50
繁缕 ……………………………… 51
鹅肠菜 …………………………… 51
麦瓶草 …………………………… 52
萹蓄 ……………………………… 52
酸模叶蓼 ………………………… 53
水蓼 ……………………………… 53
杠板归 …………………………… 54
何首乌 …………………………… 54
虎杖 ……………………………… 55
金荞麦 …………………………… 55
酸模 ……………………………… 56
羊蹄 ……………………………… 56

油茶 ……………………………… 57
中华猕猴桃 ……………………… 57
甜麻 ……………………………… 58
梧桐 ……………………………… 58
野葵 ……………………………… 59
木槿 ……………………………… 59
紫花地丁 ………………………… 60
鸡腿堇菜 ………………………… 60
如意草 …………………………… 61
绞股蓝 …………………………… 61
木鳖子 …………………………… 62
栝楼 ……………………………… 62
旱柳 ……………………………… 63
羊角菜 …………………………… 63
腊菜 ……………………………… 64
诸葛菜 …………………………… 64
独行菜 …………………………… 65
荠 ………………………………… 65
白花碎米荠 ……………………… 66
大叶碎米荠 ……………………… 66
弯曲碎米荠 ……………………… 67
碎米荠 …………………………… 67
水田碎米荠 ……………………… 68
豆瓣菜 …………………………… 68
蔊菜 ……………………………… 69
风花菜 …………………………… 69
播娘蒿 …………………………… 70
杜鹃 ……………………………… 70
南烛 ……………………………… 71
甜柿 ……………………………… 72
野柿 ……………………………… 72
君迁子 …………………………… 73
矮桃 ……………………………… 73
费菜 ……………………………… 74
垂盆草 …………………………… 74
华蔓茶藨子 ……………………… 75
白鹃梅 …………………………… 75
火棘 ……………………………… 76
湖北山楂 ………………………… 76
野山楂 …………………………… 77
华中山楂 ………………………… 77
水榆花楸 ………………………… 78
杜梨 ……………………………… 78

豆梨 ……………………………79
湖北海棠 …………………………79
野蔷薇 ……………………………80
金樱子 ……………………………80
缫丝花 ……………………………81
龙芽草 ……………………………81
地榆 ………………………………82
高粱泡 ……………………………82
山莓 ………………………………83
空心泡 ……………………………83
蓬藁 ………………………………84
插田泡 ……………………………84
茅莓 ………………………………85
路边青 ……………………………85
翻白草 ……………………………86
委陵菜 ……………………………86
朝天委陵菜 ………………………87
山桃 ………………………………87
华中樱桃 …………………………88
合欢 ………………………………88
决明 ………………………………89
皂荚 ………………………………89
槐 …………………………………90
南苜蓿 ……………………………90
紫藤 ………………………………91
刺槐 ………………………………91
锦鸡儿 ……………………………92
紫云英 ……………………………92
鸡眼草 ……………………………93
歪头菜 ……………………………93
救荒野豌豆 ………………………94
四籽野豌豆 ………………………94
小巢菜 ……………………………95
广布野豌豆 ………………………95
两型豆 ……………………………96
野大豆 ……………………………96
常春油麻藤 ………………………97
葛 …………………………………97
鹿藿 ………………………………98
胡颓子 ……………………………98
蔓胡颓子 …………………………99
木半夏 ……………………………99
四角刻叶菱 ………………………100

山茱萸 ……………………………100
四照花 ……………………………101
枸骨 ………………………………101
大叶冬青 …………………………102
铁苋菜 ……………………………102
枳椇 ………………………………103
毛葡萄 ……………………………103
刺葡萄 ……………………………104
葛藟葡萄 …………………………104
乌蔹莓 ……………………………105
省沽油 ……………………………105
栾树 ………………………………106
苦条枫 ……………………………106
盐肤木 ……………………………107
南酸枣 ……………………………107
黄连木 ……………………………108
香椿 ………………………………108
野花椒 ……………………………109
竹叶花椒 …………………………109
椿叶花椒 …………………………110
酢浆草 ……………………………110
刺楸 ………………………………111
细柱五加 …………………………111
楤木 ………………………………112
积雪草 ……………………………112
变豆菜 ……………………………113
鸭儿芹 ……………………………113
异叶茴芹 …………………………114
线叶水芹 …………………………114
水芹 ………………………………115
紫花前胡 …………………………115
野胡萝卜 …………………………116
荇菜 ………………………………116
枸杞 ………………………………117
酸浆 ………………………………117
打碗花 ……………………………118
附地菜 ……………………………118
豆腐柴 ……………………………119
大青 ………………………………119
藿香 ………………………………120
活血丹 ……………………………120
夏枯草 ……………………………121
野芝麻 ……………………………121

益母草 ································ 122

甘露子 ································ 122

丹参 ································ 123

荔枝草 ································ 123

薄荷 ································ 124

地笋 ································ 124

紫苏 ································ 125

罗勒 ································ 126

车前 ································ 127

婆婆纳 ································ 127

水苦荬 ································ 128

降龙草 ································ 128

梓 ································ 129

桔梗 ································ 129

羊乳 ································ 130

杏叶沙参 ································ 130

沙参 ································ 131

栀子 ································ 131

鸡矢藤 ································ 132

猪殃殃 ································ 132

苦糖果 ································ 133

忍冬 ································ 133

二翅六道木 ································ 134

攀倒甑 ································ 134

荚蒾 ································ 135

马兰 ································ 135

东风菜 ································ 136

钻叶紫菀 ································ 136

拟鼠麹草 ································ 137

鳢肠 ································ 137

牛膝菊 ································ 138

野菊 ································ 138

牡蒿 ································ 139

茵陈蒿 ································ 139

白苞蒿 ································ 140

蒌蒿 ································ 140

艾 ································ 141

野茼蒿 ································ 142

一点红 ································ 142

牛蒡 ································ 143

刺儿菜 ································ 143

泥胡菜 ································ 144

山牛蒡 ································ 144

稻槎菜 ································ 145

蒲公英 ································ 145

苦苣菜 ································ 146

花叶滇苦菜 ································ 146

苣荬菜 ································ 147

翅果菊 ································ 147

黄鹌菜 ································ 148

中华苦荬菜 ································ 148

苦荬菜 ································ 149

黄瓜假还阳参 ································ 149

野慈姑 ································ 150

水鳖 ································ 150

龙舌草 ································ 151

花魔芋 ································ 151

鸭跖草 ································ 152

饭包草 ································ 152

水竹 ································ 153

淡竹 ································ 154

菰 ································ 154

南荻 ································ 155

白茅 ································ 156

薏米 ································ 156

香蒲 ································ 157

蘘荷 ································ 157

鸭舌草 ································ 158

黄花菜 ································ 158

老鸦瓣 ································ 159

野百合 ································ 159

卷丹 ································ 160

薤白 ································ 160

绵枣儿 ································ 161

多花黄精 ································ 161

玉竹 ································ 162

牛尾菜 ································ 162

菝葜 ································ 163

日本薯蓣 ································ 164

主要参考文献 ································ 165

中名（正名、别名）索引 ································ 166

拉丁学名索引 ································ 173

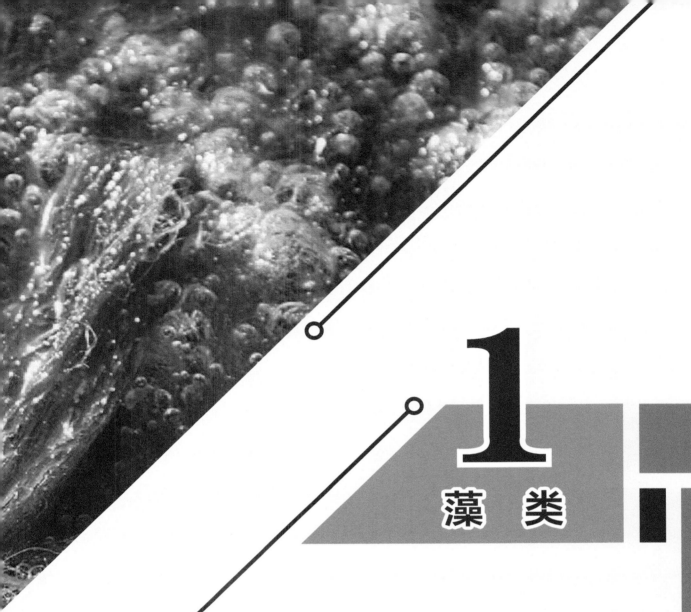

# 1

## 藻 类

## 普通念珠藻

### 念珠藻科（Nostocaceae）　　　念珠藻属（Nostoc）

[学　　名]　*Nostoc commune* Vauch.

[别　　名]　地木耳、地皮菜、地踏菇

[形态特征]　藻体胶质，球形、扁平或不规则卷曲，直径数厘米，并常有穿孔的膜状物或革状物，形似木耳。在潮湿环境中呈蓝色、橄榄色，失水干燥后藻体呈黄绿色或黄褐色。藻体由许多屈曲盘绕的藻丝组成，每条藻丝则由多个球形细胞连接而成，好似一串串念珠。藻丝一般不分枝，长4～6微米，其间有异形胞。繁殖方式主要是从异形胞处断裂，形成若干小段，即藻殖段，再通过细胞分裂长成新的藻丝。

[生境分布]　常生于钙质丰富的环境中，雨后经常出现在无污染的山坡草地、河堤上。分布于全国大多数地区。

[食药价值]　地木耳是一种美食，最适于做汤，也可凉拌或炒、炖、烧，具有清热明目等食疗作用。地木耳性凉，脾胃虚寒者不可多吃。

## 拟球状念珠藻

### 念珠藻科（Nostocaceae）　　　念珠藻属（Nostoc）

[学　　名]　*Nostoc sphaeroides* Kütz.

[别　　名]　葛仙米、天仙米、天仙菜、田木耳

[形态特征]　藻体球状，蓝绿色或黄褐色。由多数球形细胞连成念珠状群体，外被透明的胶质鞘。异形胞位于丝状体的细胞间。主要以藻殖段和出芽方式进行营养增殖。

[生境分布]　生于稻田、浅水池沼、湖溪的砂石间或阴湿的泥土上。主要分布于湖北鹤峰县和湖南张家界。现已进行人工培养。

[食药价值]　食用，具有清火、明目、抗衰老和抗感染等保健功效。葛仙米为鹤峰县的著名特产，绿色食品，高蛋白多功能营养食品，是宴席上的美食佳肴，堪称中国一绝，世界珍稀。

## 刚毛藻

### 刚毛藻科（Cladophoraceae）　　刚毛藻属（Cladophora）

[学　　名]　*Cladophora* spp.

[形态特征]　藻体为分枝的丝状体，以基细胞固着于基质上。细胞长圆柱形，细胞壁厚，最外层为几丁质，用手触摸，感觉粗糙。细胞中央有一个大液泡，载色体网状，壁生，含有多数蛋白核。细胞多核。分枝是从一个细胞顶端的侧面发生，使分枝常呈二叉状。分枝一般在靠近丝状体顶端的一些细胞里发生。有性生殖为同配接合，生活史为同形或异形世代交替。

[生境分布]　广布于淡水、半咸水及海水中，为高 pH 值水体指示植物。

[食药价值]　藻体可制成食品，所含人体必需氨基酸高于紫菜。

基枝藻属（*Basicladia*）植物可用来培养绿毛龟（绿毛龟观赏价值极高，有"活翡翠"之称，其药用价值也很高，能益精补阴，有抑制癌细胞的作用，被列为抗癌食品）。

## 水绵

### 双星藻科（Zygnemataceae）　　水绵属（Spirogyra）

[学　　名]　*Spirogyra* spp.

[形态特征]　植物体是由一列细胞组成的不分枝的丝状体。细胞圆柱形，细胞壁外层为果胶质，用手触摸时感觉黏滑。载色体带状，1 至多条螺旋状绕于细胞周围的原生质中，有多数的蛋白核纵列于载色体上。细胞中有大液泡，细胞单核，位于细胞中央，被原生质包围着。核周围的原生质与细胞腔周围的原生质之间，有多条呈放射状的原生质丝相连。有性生殖为接合生殖，包括梯形接合和侧面接合。

[生境分布]　水绵属全为淡水产，常见于池塘、沟渠、稻田、小河及湖泊等处，繁盛时大片生于水底，或成大团块漂浮水面。分布于全国。

[食药价值]　可食用。在我国云南一些少数民族地区，将水绵晒干作为食物，并输出到缅甸。入药有清热解毒的功效，可治疗丹毒、赤游、漆疮和烫伤。

# 2

## 菌 类

## 羊肚菌

### 羊肚菌科（Morchellaceae）　　　羊肚菌属（*Morchella*）

[学　　名]　*Morchella esculenta*（L.）Pers.
[别　　名]　羊肚菜、美味羊肚菌
[形态特征]　子实体单生或群生。菌盖近球形至卵形，长
4～7厘米，宽3～6厘米，顶端钝圆，表面有呈蛋壳色至淡
黄褐色似羊肚状的凹坑。菌柄近白色，中空，上部平滑，有
不规则的浅凹槽，基部膨大，长5～7厘米，粗约为菌盖的
2/3。子囊圆柱形，子囊孢子长椭圆形，无色，每个子囊内含
有8个孢子，呈单行排列。
[生境分布]　春季生于阔叶林中地上、芦苇滩及森林火烧
地。分布于华北、西北、西南及吉林、江苏、河南、湖北等
地区。
[食药价值]　珍贵的野生食用菌，被誉为"菌中王子"。入
药有健胃补脾、助消化和理气化痰等功效。

## 木耳

### 木耳科（Auriculariaceae）　　　木耳属（*Auricularia*）

[学　　名]　*Auricularia auricula-judae*（Bull.）Quél.
[别　　名]　黑木耳
[形态特征]　子实体丛生，常覆瓦状叠生，耳状、叶状或
杯形，边缘波状，薄，宽2～10厘米，厚2毫米左右，以侧
生的短柄或狭细的基部固着于基质上。初期为柔软的胶质，
黏而富弹性，以后稍带软骨质，干后强烈收缩变为硬而脆的
角质至近革质。背面外凸呈弧形，紫褐色至暗青灰色，疏生
短绒毛，里面凹入，平滑或稍有脉状皱纹，干后黑色。孢子
无色。
[生境分布]　春至秋季生于栎、榆、榕、桑和槐等树的枯干
或段木上，已进行人工栽培。分布于东北、华北、华中及西
南地区。湖北房县是驰名中外的"木耳之乡"。黑龙江省尚
志市、吉林省蛟河市均为"中国黑木耳之乡"。
[食药价值]　著名的山珍，有"素中之荤"之美誉。药用有
补血、活血、润肺、滋补和通便的功效。

# 毛木耳

## 木耳科（Auriculariaceae）　　木耳属（*Auricularia*）

[学　　名]　*Auricularia cornea* Ehrenb.

[别　　名]　构耳、白背木耳、粗木耳

[形态特征]　子实体丛生，胶质，浅圆盘形、耳形或不规则形，直径10～15厘米。有明显基部，无柄，基部稍皱，新鲜时软，干后收缩。子实层生里面，平滑或稍有皱纹，红褐色，常带紫色，干后变黑色。外面有较长绒毛，无色，仅基部褐色。

[生境分布]　夏秋季生长在构、柳、刺槐和桑树等阔叶树干或枯木上，已广泛栽培。分布几遍全国。

[食药价值]　毛木耳质地脆，风味如海蜇皮，有"树上蜇皮"之美称。药用具有滋阴强壮、清肺益气、补血活血及止血止痛等功效，是纺织和矿山工人很好的保健食品。毛木耳背面的绒毛中含有丰富的多糖，是抗肿瘤活性最强的6种药用菌之一（其他为灵芝、云芝栓孔菌、桦褐孔菌、树舌灵芝和鲜红密孔菌）。

花耳科桂花耳（*Dacrypinax spathularia*），别名匙盖假花耳。子实体微小，群生或丛生。匙形、鹿角形或桂花状。新鲜时黄色、橙黄色，干后橙黄至红褐色。可食用，含胡萝卜素。

# 棕黄枝瑚菌

## 陀螺菌科（Gomphaceae）　　枝瑚菌属（*Ramaria*，原枝瑚菌科）

[学　　名]　*Ramaria flavobrunnescens*（G.F. Atk.）Corner

[别　　名]　扫把菇、扫巴菌

[形态特征]　子实体较大，多分枝，高4～12厘米，宽4～8厘米，质脆，浅橘黄色，干后深蛋壳色，基部色浅至近白色。菌肉污白带黄色。柄短，其上分出数个主枝，每个主枝再次不规则数次分枝，形成稀疏的枝冠，顶尖常细弱，柄基部往往有细短的小枝。担子细长，具小梗。孢子色淡或近无色，椭圆形至长椭圆形，稍粗糙。

[生境分布]　夏秋季生于混交林中地上，散生或群生。分布于河南、福建、山西、甘肃、云南、贵州、四川和西藏等省区。

[食药价值]　可食用。

## 茯苓

### 多孔菌科（Polyporaceae） 茯苓属（*Wolfiporia*，原卧孔菌属）

[学　名]　*Wolfiporia extensa*（Peck）Ginns

[别　名]　茯灵、茯菟

[形态特征]　菌核球状、扁球形或不规则块状。外层皮壳状，表面粗糙，有瘤状皱缩，新鲜时淡褐色或棕褐色，干后变为黑褐色，内部粉色或白色。子实体无柄，平铺于松属植物的茎干或菌核表面，厚0.3～4厘米，初白色，后淡黄色。菌管管口多角形，蜂窝状，子实层着生在管孔内壁表面。

[生境分布]　常寄生于松科植物赤松或马尾松等树根部。分布于甘肃南部至长江流域以南各地区及台湾等地。湖北罗田县、湖南靖州县均为"中国茯苓之乡"。

[食药价值]　茯苓块（粉）可煮粥、做糕或炖汤。著名的中药，具有利水消肿、健脾和胃、宁心安神的功效，并有降低血糖的作用。

## 灵芝

### 灵芝科（Ganodermataceae） 灵芝属（*Ganoderma*）

[学　名]　*Ganoderma lingzhi* S. H.Wu，Y.Cao & Y.C.Dai

[别　名]　赤芝、红芝、瑞草、仙草

[形态特征]　子实体木栓质。菌盖半圆形至肾形，12～20厘米，厚2厘米，盖面红褐色，有漆样光泽，有不明显的环棱和放射状皱纹，边缘波状或平截有棱纹。菌柄侧生，稀偏生，与盖面同色，有漆光。菌管近白色，后淡褐色，管口小，圆形。

[生境分布]　夏秋季生于栎属或其他阔叶树干、基部或根部。除东北、西北地区外，分布于中国其他地区。安徽旌德县、广西田林县为"中国灵芝之乡"。

[食药价值]　灵芝是历史悠久的保健食品和天然的免疫调节剂，有健脑、治神经衰弱和慢性肝炎等功效。

　　同属真菌紫芝（*G.sinense*），菌盖半圆形、近圆形，表

面紫黑色或紫褐色，有似漆样光泽，有明显或不明显的同心环沟和纵皱，边缘薄或钝。药食两用。

# 糙皮侧耳

## 侧耳科（Pleurotaceae） 侧耳属（*Pleurotus*）

[学　　名]　*Pleurotus ostreatus*（Jacq.）Quél.

[别　　名]　平菇、北风菌、青蘑

[形态特征]　子实体覆瓦状丛生。菌盖直径 5～21 厘米，白色至灰白色、青灰色，有纤毛，水浸状，光滑，扁半球形，后平展。菌肉白色，厚；菌褶白色，稍密至稍稀，延生，在柄上交织。菌柄侧生，短或无，内实，白色，长 1～3 厘米，粗 1～2 厘米，基部常有绒毛。孢子印白色；孢子无色，光滑，长椭圆形。

[生境分布]　秋至春季生于阔叶树的枯木上。分布于全国大部分地区，是重要的栽培食用菌之一。

[食药价值]　糙皮侧耳味道鲜美。它可以治疗腰腿疼痛、手足麻木、筋络不适；子实体含多糖，有抗肿瘤效果。

# 金针菇

## 膨瑚菌科（Physalacriaceae） 冬菇属（*Flammulina*，原白蘑科）

[学　　名]　*Flammulina filiformis*（Z.W.Ge et al.）P.M.Wang, Y.C.Dai, E.Horak&Zhu L.Yang

[别　　名]　冬菇、毛柄金钱菌、构菌、朴菇

[形态特征]　子实体丛生。菌盖直径 2～10 厘米，幼时球形，后平展，中央淡黄色，光滑，盖缘内卷，后反卷至波状，有条纹，湿时具黏性。菌肉白色带黄，中央厚，边缘薄，柔软。菌褶狭弯生，菌柄长 3.5～12 厘米，上部黄褐色，下部密被黑褐色绒毛，坚韧软骨质，中央绵状，后中空。孢子印白色；孢子无色，圆柱形，平滑。

[生境分布]　秋至春季生于构、榆、桑、枫杨及荷花玉兰等阔叶树的枯干或树桩上。分布于南北各地。河南汤阴县被称为"中国金针菇之乡"。

[食药价值]　著名的食用菌，具有很高的药用食疗作用，经常食用可降低癌症发病率。

　　蜜环菌属蜜环菌（*Armillaria mellea*），别名榛蘑、蜜色环蕈。子实体丛生。菌盖直径 4～14 厘米，淡土黄色、蜜黄色至浅黄褐色，多布以毛状小鳞片，边缘具明显条纹。菌肉白色，菌褶白色或带粉色。菌柄细长，稍弯曲，长 5～13 厘米，粗 0.6～1.8 厘米，常有纵条纹和小鳞片，纤维质，内部松软，后中空，基部常膨大。菌柄上部有菌环。孢子印白色。夏秋季

生于林中地上，腐木、树桩或树木根部。子实体含维生素 A 等，对治疗腰腿痛、佝偻病、癫痫有效，可预防视力减退、夜盲症、皮肤干燥。蜜环菌为东北地区传统的野生食用菌。

# 花脸香蘑

## 口蘑科（Tricholomataceae）　　香蘑属（Lepista，原白蘑科）

[学　　名]　*Lepista sordida*（Schumach.）Singer

[别　　名]　花脸蘑、紫花脸蘑

[形态特征]　子实体较小，紫色至淡紫。菌盖直径3～7.5厘米，扁半球形至平展，有时中部稍下凹，薄，湿润时半透明至水浸状，边缘内卷，有不明显条纹，常呈波状或瓣状。菌肉薄，菌褶稍稀，直生至弯生或延生，不等长。菌柄长3～6.5厘米，粗0.2～1厘米，近基部常弯曲，内实。孢子印粉红色；孢子无色。

[生境分布]　夏秋季群生于山坡草地、草原、菜园或火烧地。分布于华北、华中及黑龙江、甘肃、四川、新疆、青海、西藏等地区。

[食药价值]　优良的野生食用菌，蛋白质含量高，气味香浓，味道鲜美，具有养血、益神、补肝功效。常食有利于治疗贫血崩漏、久病体虚、神疲健忘等症。

# 松口蘑

## 口蘑科（Tricholomataceae）　　口蘑属（Tricholoma，原白蘑科）

[学　　名]　*Tricholoma matsutake*（S.Ito & S.Imai）Singer

[别　　名]　松茸、松蕈、松菇

[形态特征]　子实体散生或群生。菌盖直径5～20厘米，扁半球形至近平展，污白色，具黄褐色至栗褐色平伏的纤毛状鳞片，表面干燥。菌肉白色，肥厚。菌褶白色或稍带乳黄色，较密，弯生，不等长。菌柄较粗壮，长6～14厘米，粗2～2.6厘米，内实，基部稍膨大；菌环生于菌柄上部，菌环以上污白色并有粉粒，菌环以下具栗褐色纤毛状鳞片。孢子印白色；孢子无色，光滑，宽椭圆形至近球形。

[生境分布]　秋季生于松林或针阔叶混交林地上。主要分布于东北、西南及安徽、山西和湖北等地区。四川甘孜藏族自治州雅江县为"中国松茸之乡"。

[食药价值]　松口蘑是珍贵的野生食用菌，被誉为"菌中之王"。现代医学研究表明，松口蘑有治疗糖尿病和抗癌的作用。松口蘑干品在外观形态上与蜡伞科红菇蜡伞（*Hygrophorus russula*，别名淡红蜡伞）极为相似；其鲜品又与人工栽培的伞菌科巴西蘑菇（*Agaricus blazei*，别名姬松茸）的外形类似，所以一些不法商贩常用它们来冒充松茸。

# 草菇

## 光柄菇科（Pluteaceae） 草菇属（*Volvariella*）

[学　　名] *Volvariella volvacea*（Bull.）Singer

[别　　名] 稻草菇、麻菇、苞脚菇、兰花菇

[形态特征] 子实体单生或丛生。菌盖直径5～20厘米，钟形，伸展后中央稍凸起，灰色，有黑褐色纤毛，形成放射状条纹，中央煤黑色，四周色较淡。菌肉白色，松软。菌褶离生，初白色，后为粉红色，密集，中部宽，长短不等。菌柄近白色，内实，圆柱形，上细下粗，长5～18厘米，粗0.8～1.5厘米。菌托大，杯状，灰白色。孢子印粉红色；孢子光滑，椭圆形。

[生境分布] 春至秋季生于稻草、蔗渣、蕉麻等植物材料堆上。分布于华南及福建、江西、湖南、河北等地区。江西信丰县是"中国草菇之乡"。

[食药价值] 能补脾益气，清暑热，对脾胃虚弱、抵抗力低下，或伤口愈合缓慢有较好疗效，是糖尿病患者的良好食品。

# 蘑菇

## 伞菌科（Agaricaceae） 蘑菇属（*Agaricus*，原蘑菇科）

[学　　名] *Agaricus campestris* L.

[别　　名] 四孢蘑菇、田野蘑菇、雷窝子

[形态特征] 子实体单生或群生。菌盖直径3～13厘米，初扁半球形，后平展，有时中部下凹，白色至乳白色，光滑或后期具丛毛状鳞片，干燥时边缘开裂。菌肉白色，厚。菌褶初粉红色，后变黑褐色，较密，离生，不等长。菌柄粗短，圆柱形，有时稍弯曲，长1～9厘米，粗0.5～2厘米，近光滑，白色，中实。菌环单层，白色，膜质，生菌柄中部。孢子印褐色；孢子椭圆形。

[生境分布] 春至秋季生于草地、路旁、田野、堆肥场和林间空地。分布于东北、华北、西南、西北及江苏、福建、湖北等地区。浙江苍南县、嘉善县均为"中国蘑菇之乡"。

[食药价值] 优良的食用菌。富含维生素（C、B$_1$、PP），常食可预防脚气病、消化不良、皮肤粗糙病及贫血症。

　　同属真菌野蘑菇（*A.arvensis*）菌盖直径6～20厘米，菌环双层。味道鲜美，质地细嫩。

## 毛头鬼伞

### 伞菌科（Agaricaceae）　　　鬼伞属（*Coprinus*，原鬼伞科）

[学　　名]　*Coprinus comatus*（O.F. Müll.）Pers.

[别　　名]　鸡腿菇、鸡腿蘑、毛鬼伞

[形态特征]　子实体较大。菌盖直径3～5厘米，高达9～11厘米，圆柱形，表面褐色至浅褐色，随着菌盖长大而断裂成较大型鳞片。菌盖开伞后，边缘菌褶溶化成墨汁状液体，同时菌柄变得细长。菌肉白色，菌柄白色，圆柱形，较细长，向下渐粗，长7～25厘米，粗1～2厘米，内部松软至空心。菌环连接于菌盖边缘。孢子黑色，光滑。

[生境分布]　春至秋季生于田野、林缘、菜地和路旁等处。分布于东北、华北、西北及湖北、西藏等地区。

[食药价值]　形如鸡腿，味似鸡肉，滑嫩清香。鸡腿菇含有抗癌活性物质和治疗糖尿病的有效成分，长期食用，对降低血糖、治疗糖尿病有较好疗效，特别对治疗痔疮效果明显。注意：鸡腿菇千万不能与酒类同食！

## 小灰球菌

### 伞菌科（Agaricaceae）　　　灰球菌属（*Bovista*，原灰包科／马勃科）

[学　　名]　*Bovista pusilla*（Batsch）Pers.

[别　　名]　小马勃、小灰包

[形态特征]　子实体小，近球形，宽1～2厘米，初期白色，后变土黄色及浅茶色，无不育基部，由根状菌索固着地上。外包被由细小易脱落的颗粒组成，内包被薄，光滑，成熟时顶尖有小口，内部蜜黄色至浅茶色。孢子球形，浅黄色，近光滑。

[生境分布]　夏秋季生于草地上。分布于华北、华南、西南及辽宁、福建、江西、湖南、陕西、青海等地区。

[食药价值]　幼时可食，嫩如豆腐。有止血、消肿、解毒、清肺和利喉的功效。

　　马勃属网纹马勃（*Lycoperdon perlatum*），别名网纹灰包。子实体倒卵形至陀螺形，高2.5～7厘米，宽2～4厘米，不育基部发达或伸长如柄。外包被布满小疣，间有较大易脱落的长刺。用途同小灰球菌。

## 头状秃马勃

伞菌科（Agaricaceae） 秃马勃属（*Calvatia*，原灰包科 / 马勃科）

[学　　名] *Calvatia craniiformis*（Schwein.）Fr.
[别　　名] 头状马勃
[形态特征] 子实体小至中等大，陀螺形，高 4.5～20 厘米，宽 3.5～6 厘米，不育基部发达，以根状菌索固着地上。包被两层，均薄质。外层淡茶色至暗褐色，初期微细糠状，逐渐光滑；内包被成熟时黄褐色，上部开裂并成片脱落。孢体蜜黄色，孢子球形，淡绿黄色。
[生境分布] 夏秋季生于疏林中、路边和草地上。分布于华东、中南及吉林、河北、四川、陕西、甘肃、云南等地区。
[食药价值] 幼时可食。有生肌、消炎和消肿止痛的功效；其主要成分马勃素有抗癌作用。

## 大秃马勃

伞菌科（Agaricaceae） 秃马勃属（*Calvatia*，原灰包科 / 马勃科）

[学　　名] *Calvatia gigantea*（Batsch）Lloyd
[别　　名] 大马勃
[形态特征] 子实体球形至近球形，直径 15～25 厘米或更大，不育基部无或很小。包被初为白色，后变浅黄色或淡绿黄色，具微绒毛；外表薄、脆，成熟后不规则地块状剥离。孢体黄色，后变橄榄色，孢子球形，光滑或具小疣，浅橄榄色。
[生境分布] 夏秋雨后生于山坡或空旷草地上。分布于东北、华北、西北及福建、江苏、河南、西藏等地区。
[食药价值] 幼时可食。药用，止血、消炎、消肿；其主要成分马勃素有抗癌作用。

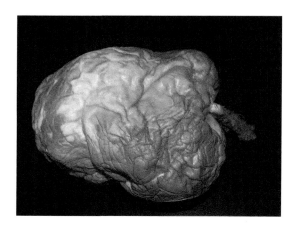

## 美味牛肝菌

### 牛肝菌科（Boletaceae）　　牛肝菌属（*Boletus*）

[学　　名]　*Boletus edulis* Bull.
[别　　名]　白牛肝、大脚菇
[形态特征]　子实体散生或群生。菌盖直径6～25厘米，扁半球形或稍平展，黄褐色或赤褐色，光滑，边缘钝。菌肉白色，厚，伤后不变色。菌管初期白色，后呈淡黄色，直生、近弯曲或于柄周围凹陷；管口圆形。菌柄长5～23厘米，粗2～7厘米，基部稍膨大，淡黄褐色，具网纹。孢子淡黄色，梭形至长椭圆形。
[生境分布]　夏秋季生于松、栎混交林中。分布于东北、华东、华中及西南地区。
[食药价值]　优良的野生食用菌。药用，为山西"舒筋丸"的成分之一；具有较强的抗癌活性和预防感冒的功效。

## 松乳菇

### 红菇科（Russulaceae）　　乳菇属（*Lactarius*）

[学　　名]　*Lactarius deliciosus*（L.）Gray
[别　　名]　枞树菇、松树蘑、三九菇、茅草菇
[形态特征]　子实体单生或群生，菌盖直径4～15厘米，扁半球形，中央脐状，伸展后下凹，边缘最初内卷，后平展，湿时黏，无毛，胡萝卜黄色或深橙色，伤变绿色。菌肉初带白色，后变黄色。乳汁量少，橘红色，最后变绿色。菌褶与菌盖同色，稍密，近柄处分叉，褶间具横脉，直生或稍延生。菌柄长2～5厘米，粗0.7～2厘米，近圆柱形或向基部渐细，内部松软后变中空。孢子印近米黄色；孢子无色。
[生境分布]　夏秋季生于马尾松、黄山松等松林内地上。分布于全国大部分地区。
[食药价值]　名副其实的山珍。具有强身、益肠胃、理气化痰及治疗糖尿病、抗癌等功效。

# 长裙竹荪

## 鬼笔科（Phallaceae） 竹荪属（*Dictyophora*）

[学　　名] *Dictyophora indusiata*（Vent. Pers）Fisch.

[别　　名] 竹参、竹笙、网纱菇

[形态特征] 子实体单生或群生。菌蕾球形至倒卵形，表面灰白色或淡褐红色，基部有根状菌索。菌盖钟形，高5厘米，直径3厘米，顶端无圆环，中部有一穿孔，四周具白色网格，表面覆盖一层暗绿色、黏液状、恶臭的孢体。菌裙网状，洁白色，从菌盖下垂，长达菌柄基部，边缘宽达13厘米，网眼多角形。菌托内有白色胶质。菌柄圆柱形，长17厘米，基部粗4~5厘米，白色，海绵质，中空。孢子透明，光滑。

[生境分布] 夏秋季生于潮湿竹林地或阔叶林下的腐殖质层上。分布于华东、华南、西南及湖北等地区。福建顺昌县、贵州织金县和四川长宁县均为"中国竹荪之乡"。

[食药价值] 著名的食用菌，被称为"雪裙仙子""真菌皇后"。常食能降血压、降血脂、减肥，防治糖尿病，并有抗癌和抗炎症的作用。

# 玉米黑粉菌

## 黑粉菌科（Ustilaginaceae） 黑粉菌属（*Ustilago*）

[学　　名] *Ustilago maydis*（DC）Corola

[别　　名] 玉蜀黍黑粉菌、玉米瘤黑粉菌、玉米黑松露

[形态特征] 本菌侵害玉米植株，导致寄主患黑粉病。在植株地上部分均能发生，常发生在叶片和叶鞘连接处、近节的腋芽、雌雄花穗上。被害部分形成白色肿瘤（大者达10厘米以上），以后内部产生厚壁孢子，成熟后，肿瘤的外膜破裂，散出黑褐色孢子。玉米黑粉菌为局部侵染，在玉米的整个生育期间均可发生。

[生境分布] 厚壁孢子在土壤、堆肥及玉米病残株上越冬。分布广泛，我国北方比南方发生较普遍且严重。

[食药价值] 菌瘤幼嫩时可食用，有甜味，炒食别有风味。孢子药用，有健脾胃、利肝胆、安神等功效。可用于治疗胃肠道溃疡、疳积、失眠。

玉米果穗感染玉蜀黍黑粉菌后形成的菌瘿（菌瘤）是一种营养美味的食用菌，也被称为玉米瘤黑粉菌，商品名为"墨西哥松露"（Mexican truffle）。早在公元前墨西哥人就有食用玉米瘤黑粉菌的习惯，用它制作的美食被认为是墨西哥饮食的骄傲。玉米瘤黑粉菌含有丰富的蛋白质、脂肪和碳水化合物，是一种具有开发潜力的食用菌资源。

此外，华中地区还有下列著名的野生食用菌：

鸡油菌科鸡油菌（*Cantharellus cibarius*），别名鸡蛋黄菌、杏菌、黄栀菇。子实体单生、群生或丛生。肉质，杏黄色或淡黄色，高3～9厘米，菌盖直径3～8厘米，喇叭形、歪圆形，边缘浅裂或波状，表面平滑，菌肉淡黄色，下面的皱褶互相连成脉络状。菌柄常偏生，歪圆柱状，中实，较粗短。孢子印黄白色。夏秋季生于林内地上。味鲜美，有杏香。具有清目、利肺、益肠胃的功效，常食可预防视力下降、眼炎及皮肤干燥等病。

离褶伞科根白蚁伞（*Termitomyces eurhizus*），别名鸡㙡、鸡肉丝菇。子实体散生、群生。菌盖直径3～20厘米，尖顶斗笠状，中央淡褐色、浓茶色至灰色，近盖缘颜色渐浅，呈淡灰白色，成熟时盖缘呈放射状开裂。菌柄圆柱形或纺锤形，内实，纤维质，外表淡灰或淡褐色，内部白色，假根细长与蚁巢相连，在白蚁巢表面形成一个吸盘状的基垫。菌褶密集，近离生至弯生，白色。夏秋季生于黑翅土白蚁的蚁巢上。菌肉细嫩，味道鲜美。药用有益智、清神、治痔疮的功效。

# 3

## 地 衣

# 石耳

## 石耳科（Umbilicariaceae）　　石耳属（*Umbilicaria*）

[学　　名]　*Umbilicaria esculenta*（Miyoshi）Minks

[别　　名]　石木耳、岩菇、石壁花

[形态特征]　地衣体单片型，幼时圆形，后为不规则圆形，直径5～12厘米，大者可达18厘米，革质。裂片边缘浅撕裂状，背面灰褐色，近光滑，局部粗糙无光泽，或局部斑点脱落而露白色髓层；腹面暗黑色，具细颗粒状突起，密生黑色粗短而具分叉的假根（绒毛），中央脐部青灰色至黑色，直径0.5～1.2厘米。子囊盘少见。

[生境分布]　通常生长在高山悬崖峭壁岩石上。主要分布于中南部的江西、湖北、河南和安徽等省。

[食药价值]　可食用，具有养阴止血的功效。石耳常被兵士和探险者用作应急食品。美国开国总统华盛顿的部队曾在福吉谷（Valley Forge）煮食石耳，从而度过饥饿困难时期。

# 长松萝

## 松萝科（Usneaceae）　　松萝属（*Usnea*）

[学　　名]　*Usnea longissima* Ach.

[别　　名]　女萝、松上寄生、树挂

[形态特征]　地衣体条丝状，长可达1米。基部附着在树皮或树枝上，悬垂。少有大分枝，末级枝两侧密生细小而短的纤枝，长约1厘米，形似蜈蚣。全体灰白色、灰绿或黄绿色。横断面圆形，中部为软骨质的中轴，外侧为皮层。子囊盘生于枝的顶端。

[生境分布]　常生于高山针叶林枝干间。分布于东北及陕西、湖北、安徽、浙江、广东、云南、西藏等地区。

[食药价值]　可食用，为云南永德县彝族婚宴必备的野菜之一；松萝粉或提取物常作为牙膏和化妆品的添加剂。地衣体入药，能清热解毒、止咳化痰。

肺衣科肺衣（*Lobaria pulmonaria*）、树花科粉粒树花（*Ramalina pollinaria*）、梅衣科槽枝（*Sulcaria sulcata*，别名沟树发）等地衣均可食用。

# 4

## 蕨　类

# 紫萁

## 紫萁科（Osmundaceae）　　紫萁属（*Osmunda*）

[学　　名]　*Osmunda japonica* Thunb.

[别　　名]　矛状紫萁、紫萁贯众、老虎牙、水骨菜

[形态特征]　多年生草本，高50～80厘米。根状茎粗壮，斜升。叶二型，幼时密被绒毛；叶簇生，柄长20～30厘米；不育叶（营养叶）片三角状阔卵形，长30～50厘米，宽25～40厘米，顶部一回羽状，其下为二回羽状；羽片3～5对，基部一对稍大；小羽片5～9对，长4～7厘米，宽1.5～1.8厘米，长圆形或长圆披针形，先端钝或短尖，基部圆形或圆楔形，边缘有匀密的矮钝锯齿。能育叶（孢子叶）极度收缩，小羽片条形，长1.5～2厘米，沿主脉两侧密生孢子囊，成熟后枯死。

[生境分布]　生于林下或溪边酸性土壤上。为我国暖温带、亚热带最常见的一种蕨类。湖北鹤峰县因盛产薇菜，被世人称为"薇菜之乡"。

[食用价值]　嫩叶可食。薇菜营养丰富，清脆、爽口，在日本被誉为"山菜之王、美味山珍"。根状茎为中药"贯众"来源之一，有清热、解毒抑菌、止血等功效。

　　桂皮紫萁（*Osmundastrum cinnamomeum*），别名分株紫萁、牛毛广、薇菜。不育叶为二回羽状深裂，羽片披针形，羽裂。

　　薇菜在不同地区所指不同，存在同名异物现象。一种

为蕨类紫萁属植物孢子体的嫩叶柄；另一种为《诗经·采薇》中所指豆科植物大野豌豆（*Vicia sinogigantea*）。

# 芒萁

## 里白科（Gleicheniaceae）　　芒萁属（*Dicranopteris*）

[学　　名]　*Dicranopteris pedata*（Houtt.）Nakaike

[别　　名]　铁芒萁、狼萁、芒萁骨

[形态特征]　多年生草本，高0.45～1.2米。根状茎横走。叶疏生，纸质，下面灰白色，幼时沿羽轴及叶脉有锈黄色毛，渐变光滑，叶柄长24～56厘米，叶轴一至三回分叉，各回分叉的腋间有1个休眠芽，密被绒毛，并有1对叶状苞片，其基部两侧有1对羽状深裂的阔披针形羽片；末回羽片长16～23.5厘米，宽4～5.5厘米，披针形，篦齿状深裂。侧脉两面隆起，每组有小脉3～5条。孢子囊群圆形，着生于每组侧脉的上侧小脉的中部，在主脉两侧各排1行。

[生境分布]　生于强酸性红壤丘陵荒坡或林缘。广布于长江以南地区。

[食药价值]　嫩叶食用。全草入药，有清热利尿、祛瘀止血之效。

# 蕨

## 碗蕨科（Dennstaedtiaceae） 蕨属（*Pteridium*，原蕨科）

[学　名] *Pteridium aquilinum* var. *latiusculum*（Desv.）Underw.ex Heller

[别　名] 蕨菜、拳头菜、粉蕨

[形态特征] 多年生草本，高达1米左右。根状茎长而横走，密被锈黄色柔毛。叶近革质，远生；叶柄粗壮，长20～80厘米，褐棕色；叶片阔三角形或长圆三角形，长30～60厘米，宽20～45厘米，先端渐尖，基部圆楔形，三回羽裂；末回小羽片或裂片长圆形，圆钝头，全缘或下部的有1～3对浅裂片或呈波状圆齿。侧脉二叉。孢子囊群沿叶背边缘着生，连成线形，孢子秋后成熟。

[生境分布] 喜生于湿润、肥沃而土层较厚的阴坡上，荒山地生长最盛。主要分布于长江流域及以北地区。

[食药价值] 根状茎含淀粉，俗称蕨粉；嫩叶可食，俗称蕨菜。全草入药，驱风湿、利尿，可作驱虫剂。鉴于媒体报道蕨菜有致癌风险，喜食蕨菜者应注意：食用时，水煮嫩蕨菜15分钟，捞起漂洗。不宜过量进食蕨菜。

[采收处理] 4～5月，当蕨叶未开放前，采集卷曲的嫩苗，用开水煮熟晒干即可食用。

蕨粉的制作方法：把蕨根清选处理后碾烂，装入桶内用水冲洗，再用布袋过滤，直至没有白色粉末和黏液为止。将滤液重复过滤一次，放入缸内沉淀，除去粉面清水，换水搅匀，反复沉淀2～3次，使粉色白净，取出用布袋吊干，即成蕨粉。

## 凤丫蕨

### 凤尾蕨科（Pteridaceae）　　凤丫蕨属（*Coniogramme*，原裸子蕨科）

[学　　名]　*Coniogramme japonica*（Thunb.）Diels

[别　　名]　安康凤丫蕨、日本凤丫蕨、凤丫草

[形态特征]　多年生草本，高 0.6～1.2 米。根状茎横走，有少数鳞片。叶草质，无毛；叶柄禾秆色，基部有疏披针形鳞片；叶片长圆三角形，长 50～70 厘米，宽 22～30 厘米，下部二回羽状，向上一回羽状；小羽片或中部以上的羽片狭长披针形，渐尖头，基部楔形，边缘有疏细锯齿。叶脉网状，在主脉两侧各形成 2～3 行网眼，网眼外的小脉分离，顶端有纺锤形水囊。孢子囊群沿叶脉分布，无盖。

[生境分布]　生于湿润林下和山谷阴湿处。广布于长江以南地区。

[食药价值]　嫩叶可食。全草入药，可消肿解毒。

　　球子蕨科荚果蕨（*Matteuccia struthiopteris*），别名黄瓜香；蹄盖蕨科东北蹄盖蕨（*Athyrium brevifrons*），别名猴腿蹄盖蕨、猴腿菜。这些蕨类植物早春拳曲的幼叶，是人们喜食的山菜。

## 蘋

### 蘋科（Marsileaceae）　　蘋属（*Marsilea*）

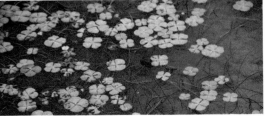

[学　　名]　*Marsilea quadrifolia* L.

[别　　名]　苹、破铜钱、四叶菜、田字草

[形态特征]　多年生水生草本，高 5～20 厘米。根状茎细长横走，分枝，顶端有淡棕色毛，茎节远离，向上发出一至数枚叶片。叶柄细长；小叶 4 片，倒三角形，草质，无毛。叶脉扇形分叉，网状。叶柄基部生有单一或分叉的短柄，顶部着生孢子果；孢子果长椭圆形，幼时被毛；大、小孢子囊同生在一个孢子果内，大孢子囊内只有一个大孢子，小孢子囊内有多数小孢子。

[生境分布]　生于水田或沟塘中。广布于长江以南各地区，北达华北和辽宁，西至新疆。

[食药价值]　春至秋季鲜嫩茎、叶可炒食或做汤。全草入药，清热解毒，利水消肿；外用可治疗疮痈、毒蛇咬伤。

# 5

## 种子植物

# 银杏

## 银杏科（Ginkgoaceae）　　银杏属（*Ginkgo*）

[学　　名]　*Ginkgo biloba* L.

[别　　名]　白果、公孙树、鸭脚子

[形态特征]　落叶乔木。叶在一年生长枝上螺旋状散生，在短枝上簇生。叶扇形，有长柄，叉状叶脉，上缘浅波状，有时中部深裂。雌雄异株，稀同株，球花生于短枝叶腋。雄球花柔荑花序状，雄蕊多数；雌球花有长梗，梗端常2叉，叉顶有珠领（珠座），胚珠着生其上。种子椭圆形或近球形，长2~3.5厘米，成熟时黄或橙黄色，被白粉；外种皮肉质；中种皮骨质，白色；内种皮膜质，黄褐色。花期3~4月，种子9~10月成熟。

[生境分布]　喜气候温暖湿润、土层深厚肥沃。主要分布于华东、华中、华南和西南地区。我国特产，现广泛栽培。湖北随州市和安陆市、贵州盘县为"中国古银杏之乡"。江苏邳州市和泰兴市、浙江长兴县、河南新县、山东郯城县、湖南东安县、广东南雄市及广西兴安县同为"中国银杏之乡"。

[食药价值]　种子供食用（多食易中毒）及药用，有润肺、止咳、强壮等功效；叶有降低血压和胆固醇、防止动脉硬化的作用。

# 玉兰

## 木兰科（Magnoliaceae）　　玉兰属（*Yulania*）

[学　　名]　*Yulania denudata*（Desr.）D. L. Fu

[别　　名]　木兰、白玉兰、望春花、应春花

[形态特征]　落叶乔木，高达25米。嫩枝及芽有柔毛。叶互生，倒卵形至倒卵状长圆形，长10~18厘米，宽6~12厘米，先端短突尖，基部宽楔形，全缘，表面绿色有光泽，背面被有柔毛。叶柄长1~2.5厘米。花先叶开放，单生枝顶，白色，芳香，直径约10~16厘米，花被片9片，长圆状倒卵形；雄蕊及雌蕊多数，分离。聚合果长12~15厘米。花果期2~9月。

[生境分布]　生于森林中。分布于浙江、江西、河南、湖南和贵州等省。各地广泛栽培。浙江嵊州市为"中国木兰之乡"。河南镇平县和南召县是"中国玉兰之乡"。

[食药价值]　花瓣可食，也可泡水饮用。花蕾入药，有祛风散寒、通气理肺之效。

# 山鸡椒

## 樟科（Lauraceae） 木姜子属（Litsea）

[学　　名] *Litsea cubeba*（Lour.）Pers.

[别　　名] 山姜子、山苍树、山胡椒、木姜子

[形态特征] 落叶灌木或小乔木，高达 10 米。枝、叶芳香，小枝无毛。叶膜质，互生，披针形或长圆形，长 4~11 厘米，先端渐尖，基部楔形，两面无毛，侧脉 6~10 对；叶柄长 0.6~2 厘米，无毛。伞形花序单生或簇生，总花梗（花序梗、花序轴）长 0.6~1 厘米。雄花序 4~6 花；花被片 6 片，宽卵形；能育雄蕊 9 枚，花丝中下部被毛。果近球形，直径约 5 毫米，成熟时黑色，果梗长 2~4 毫米。花果期 2~8 月。

[生境分布] 生于向阳丘陵和山地灌丛或疏林中。广布于长江以南地区。

[食药价值] 新鲜果实可制作泡菜或调料。根、茎、叶和果均可入药，有祛风散寒、消肿止痛之效。

　　在鄂西，人们常将采摘的新鲜山鸡椒放入泡菜水中浸泡，待过半个月左右即可捞起作为泡菜食用，也可以在炒菜时当作调料。口感清凉、微辛，有开胃健脾的功效。湖南怀

化地区的居民将山鸡椒作为食品调料，著名的"芷江鸭"就是使用了山鸡椒作为调料入味，从而形成特色美食。

　　山胡椒属山胡椒（*Lindera glauca*），别名牛筋树、假死柴。叶纸质，宽椭圆形、椭圆形或倒卵形，叶背被白色柔毛，侧脉 4~6 对；叶枯后不落，翌年新叶发出时落下。药用。

# 豹皮樟

## 樟科（Lauraceae） 木姜子属（Litsea）

[学　　名] *Litsea coreana* var. *sinensis*（Allen）Yang et P.H.Huang

[别　　名] 扬子黄肉楠

[形态特征] 常绿乔木，高 8~15 米。树皮灰色，有灰黄色的块状剥落。叶互生，长圆形或披针形，长 4.5~9.5 厘米，宽 1.4~4 厘米，先端多急尖，革质，上面绿色有光泽，下面绿苍白色，两面无毛，侧脉 7~10 对，中脉在下面明显突起，网脉不显；叶柄长 0.6~1.6 厘米。雌雄异株；伞形花序腋生；苞片早落；花梗（花柄）粗，密被长柔毛；花被片 6 片，外面被柔毛；能育雄蕊 9 枚。果近球形，直径 7~8 毫米，基部具带有花被片的扁平果托。花期 8~9 月，果期翌年夏季。

[生境分布] 生于山地杂木林中。分布于华东、华中及四川、贵州等地区。

[食药价值] 嫩枝叶可用来制老鹰茶，是四川石棉县特产，为消暑解渴、提神醒脑的保健饮品。

　　同属植物毛豹皮樟（*Litsea coreana* var.*lanuginosa*），嫩枝叶密被灰黄色长柔毛。用途同豹皮樟。

## 蕺菜

### 三白草科（Saururaceae） 蕺菜属（*Houttuynia*）

[学　　名] *Houttuynia cordata* Thunb.

[别　　名] 鱼腥草、折耳根、侧耳根

[形态特征] 多年生草本，高 30～60 厘米，有腥臭味；茎下部伏地，生根，上部直立，通常无毛。叶互生，心形或宽卵形，长 4～10 厘米，宽 2.5～6 厘米，有腺点，两面脉上有柔毛，背面常呈紫红色；叶柄长 1～3.5 厘米，托叶膜质，条形，下部常与叶柄合生成鞘状。穗状花序生茎上端，长约 2 厘米，基部有 4 片白色苞片；花小，两性，无花被；雄蕊 3 枚，雌蕊由 3 枚心皮组成，子房上位，花柱分离。蒴果卵圆形，种子多数。花果期 4～10 月。

[生境分布] 生于阴湿或水边洼地，以及田埂、路边。分布于长江以南地区。

[食药价值] 嫩根、茎叶可作蔬菜。全株入药，有清热、解毒、利水之效，可以治疗肠炎、痢疾、肾炎水肿及乳腺炎。

　　相关视频请观看中央电视台科教频道（CCTV10）《健康之路》2013 年第 20130529 期：《能治病的菜（八）》。

## 五味子

### 五味子科（Schisandraceae） 五味子属（*Schisandra*，原木兰科）

[学　　名] *Schisandra chinensis*（Turcz.）Baill.

[别　　名] 北五味子

[形态特征] 落叶木质藤本，长达 8 米，全株近无毛，小枝灰褐色，稍有棱。叶互生，膜质，宽椭圆形、卵形或倒卵形，长 5～10 厘米，宽 2～5 厘米，顶端急尖，基部楔形，边缘疏生有腺的细齿，上面有光泽；叶柄长 1～4 厘米。雌雄异株，花单生或簇生于叶腋；花梗（花柄）细长；花被片 6～9 片，乳白或粉红色，芳香；雄花 5 枚雄蕊；雌蕊群椭圆形，心皮 17～40 枚，覆瓦状排列在花托上。聚合果穗状；小浆果红色，近球形。花果期 5～10 月。

[生境分布] 生于山林、沟谷和溪旁。分布于东北、华北、华中及江西、四川等地区。

[食药价值] 嫩叶可作野菜。果实为著名中药，可以治疗肺虚喘咳、泻痢、盗汗。现已突破原来的药用范畴，五味子在酿酒、制果汁等方面也被广泛利用，被列为第三代水果。

　　同属植物华中五味子（*S.sphenanthera*），雄蕊 11～23 枚；冷饭藤属南五味子（*Kadsura longipedunculata*）为常绿木质藤本，雄蕊 30～70 枚。华中五味子和南五味子的果实均可食用。

## 芡实

睡莲科（Nymphaeaceae）　　芡属（*Euryale*）

[学　　名]　*Euryale ferox* Salisb. ex DC.

[别　　名]　刺莲藕、鸡头荷、鸡头莲、鸡头米

[形态特征]　一年生水生草本，具刺。叶漂浮，革质，圆形或稍带心脏形，直径 0.1～1.3 米，盾状，上面多皱折，下面紫色；叶柄和花梗（花柄）多刺。花单生，萼片 4 片，披针形，宿存，内面紫色，外面绿色，密生钩状刺；花瓣多数，紫红色，长圆披针形或条状椭圆形，内轮逐渐变成雄蕊；雄蕊多数，花药内向；子房下位，8 室，柱头扁平，圆盘状。浆果球形，直径 3～5 厘米，海绵质，污紫红色，密生硬刺；种子球形，黑色。花果期 7～9 月。

[生境分布]　生于湖泊、池沼。分布于我国南北各地。江西余干县为"中国芡实之乡"。

[食药价值]　嫩叶柄和花梗剥去外皮可作蔬菜；种子含淀粉，供食用和酿酒；种子可入药，有补脾益肾之效。

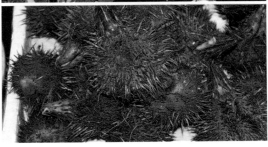

## 萍蓬草

睡莲科（Nymphaeaceae）　　萍蓬草属（*Nuphar*）

[学　　名]　*Nuphar pumila*（Timm）DC.

[别　　名]　黄金莲、萍蓬莲

[形态特征]　多年生水生草本；根状茎较粗。叶纸质，漂浮，宽卵形或卵形，长 6～17 厘米，宽 6～12 厘米，先端圆钝，基部深心形，上面光亮，无毛，下面密生柔毛，侧脉羽状；叶柄有柔毛。花梗（花柄）挺出水面，花单生，直径 3～4 厘米；萼片 5 片，黄色，花瓣状；花瓣多数，窄楔形；雄蕊多数；柱头盘状，常 10 浅裂，淡黄色或带红色。浆果卵形，长约 3 厘米，种子长圆形，褐色。花果期 5～9 月。

[生境分布]　生于湖泊池沼中。分布于东北、华东及河北、湖北、广东等地区。

[食药价值]　根状茎食用，又供药用，有补虚止血、治疗神经衰弱之功效。

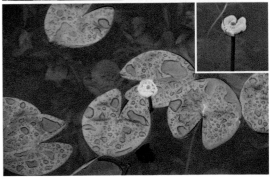

# 莼菜

## 莼菜科（Cabombaceae）　莼菜属（*Brasenia*，原睡莲科）

[学　　名]　*Brasenia schreberi* J. F. Gmel.

[别　　名]　水案板

[形态特征]　多年生水生草本；根状茎具叶及匍匐枝。叶漂浮于水面，椭圆状长圆形，长 3.5～6 厘米，宽 5～10 厘米，盾状着生，两面无毛；叶柄长 25～40 厘米，有柔毛，叶柄和花梗（花柄）有黏液。花单生，直径 1～2 厘米；花梗长 6～10 厘米；萼片 3～4 片，花瓣状，条状长圆形；花瓣 3～4 片，紫红色；雄蕊 12～18 枚；子房上位，具 6～18 枚离生心皮，每枚心皮 2～3 个胚珠。坚果革质，不裂，具 1～2 颗卵形种子。花果期 6～11 月。

[生境分布]　生于池塘、湖沼。分布于江苏、浙江、江西、湖北、湖南、重庆和云南等地。湖北利川市为"中国莼菜之乡"。

[食药价值]　植物体富含胶质，嫩茎叶作蔬菜食用。全草入药，有清热解毒、利水消肿的功效，适用于高血压、痈疽疔疮、丹毒、急性黄疸型肝炎的治疗，尤其适于食管癌、胃癌等消化系统恶性肿瘤患者食用。

　　茭白、莼菜与鲈鱼并称为"江南三大名菜"。成语"莼羹鲈脍""莼鲈之思"是为美食而辞官的历史佳话。

# 三叶木通

## 木通科（Lardizabalaceae）　木通属（*Akebia*）

[学　　名]　*Akebia trifoliata*（Thunb.）Koidz.

[别　　名]　八月炸、八月瓜、甜果木通

[形态特征]　落叶木质藤本，茎、枝无毛。叶为三出复叶；小叶卵形至宽卵形，顶端钝圆、微凹或具短尖，基部圆形或宽楔形，边缘浅裂或呈波状，侧脉通常 5～6 对；叶柄长 7～11 厘米。总状花序腋生，长约 8 厘米；花单性；雄花生于上部，雄蕊 6 枚；雌花花被片紫红色，具 6 枚退化雄蕊，心皮分离，3～12 个。果实肉质，长圆形，长 6～8 厘米，直径 2～4 厘米，直或稍弯；种子多数，卵形，黑色。花果期 4～8 月。

[生境分布]　生于向阳山坡灌丛及溪谷沿岸。分布于河北、山西、山东、河南、陕西、甘肃和长江流域各省。

[食药价值]　果可鲜食、酿酒、制饮料。根、藤和果实均可药用，有消炎利尿、除湿镇痛之效，可以治疗关节炎等。

# 木通

## 木通科（Lardizabalaceae）　　木通属（Akebia）

[学　　名]　*Akebia quinata*（Houtt.）Decne.

[别　　名]　野木瓜、羊开口、野香蕉

[形态特征]　落叶木质藤本，幼枝淡红褐色，老枝具灰白色皮孔。掌状复叶互生或簇生；小叶3～7片，通常5片；小叶倒卵形或长倒卵形，全缘，侧脉5～7对；叶柄长4.5～10厘米。伞房花序式的总状花序腋生，长6～12厘米；基部有雌花1～2朵，以上4～10朵为雄花；总花梗（花序梗、花序轴）长2～5厘米；心皮3～9枚，离生。果长圆形，长5～8厘米，直径3～4厘米，成熟时紫色；种子多数，卵状长圆形，褐色或黑色，有光泽。花果期4～8月。

[生境分布]　生于山地灌丛、林缘和沟谷中。分布于长江流域地区。

[食药价值]　果实味甜可食，也可酿酒。果实及藤入药，能解毒利尿，通经除湿。

　　野木瓜属植物野木瓜（*Stauntonia chinensis*），常绿木质藤本。掌状复叶5～7片小叶，革质，大小和形状变化大。果甜可生食、制果酱和酿酒。全株药用，对三叉神经痛、坐骨神经痛有较好的疗效。

# 杜仲

## 杜仲科（Eucommiaceae）　　杜仲属（Eucommia）

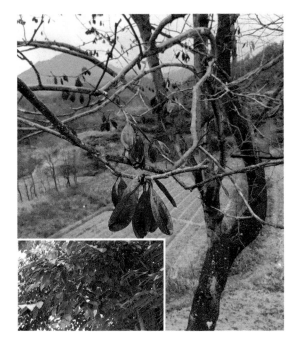

[学　　名]　*Eucommia ulmoides* Oliver

[别　　名]　扯丝皮、思仲、丝棉皮

[形态特征]　落叶乔木。树皮灰色，粗糙；植株含橡胶，皮、叶折断拉开有银白色细丝。单叶互生，叶椭圆形、卵形或长圆形，薄革质，长6～15厘米，宽3.5～6.5厘米，先端渐尖，基部宽楔形，边缘有锯齿；叶柄长1～2厘米。花单性，雌雄异株，无花被，常先叶开放，生于小枝基部；雄花簇生，雄蕊6～10枚，雌花单生，苞片倒卵形。翅果扁平，长椭圆形，先端2裂，基部楔形，周围具薄翅。花果期4～10月。

[生境分布]　生于山地林中。分布于西南、华中及陕西、甘肃、浙江等地区，现各地广泛栽种。湖南慈利县、河南汝阳县、四川旺苍县、陕西略阳县、江苏响水县和贵州遵义县均为"中国杜仲之乡"。

[食药价值]　嫩叶可制茶。树皮入药，补肝肾，强筋骨，安胎，主治腰膝疼痛、高血压等症。

# 榆树

## 榆科（Ulmaceae）　　榆属（*Ulmus*）

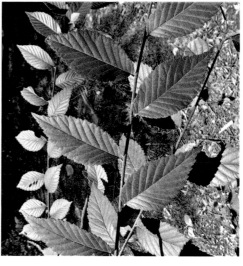

[学　　名]　*Ulmus pumila* L.

[别　　名]　白榆、家榆、榆

[形态特征]　落叶乔木。叶椭圆状卵形或椭圆状披针形，长2～8厘米，叶面平滑无毛，叶背幼时有短柔毛，后变无毛或部分脉腋有簇生毛，侧脉9～16对，边缘多具单锯齿；叶柄长0.4～1厘米。花先叶开放，在去年生枝的叶腋成簇生状。翅果近圆形或宽倒卵形，长1.2～2厘米，除顶端缺口柱头面被毛外，余处无毛；种子位于翅果的中部或近上部；宿存花被无毛，4浅裂，具缘毛；果梗长约2毫米。花果期3～6月。

[生境分布]　生于河堤、田埂、路边、山坡及丘陵。分布于东北、华北、西北及西南地区。长江以南有栽培。

[食药价值]　嫩果、幼叶可供食用。宋代大文学家欧阳修吃罢榆钱粥后，就留下了"杯盘粉粥春光冷，池馆榆钱夜雨新"的诗句。果实、树皮和叶可入药，能安神，治疗神经衰弱、失眠。

# 桑

## 桑科（Moraceae）　　桑属（*Morus*）

[学　　名]　*Morus alba* L.

[别　　名]　家桑、桑树

[形态特征]　落叶灌木或小乔木，高达15米。叶卵形或宽卵形，长5～15厘米，先端急尖或钝，基部近心形，边缘有粗锯齿，有时缺裂，上面无毛，下面脉腋具簇生毛；叶柄长1.5～5.5厘米，被柔毛。雌雄异株，穗状花序腋生；雄花序长2～3.5厘米，雄花花被片4片，雄蕊4枚；雌花序长1～2厘米，雌花花被片4，无花柱，柱头2裂，宿存。聚花果（桑椹）卵状椭圆形，长1～2.5厘米，红色至暗紫色。花果期4～7月。

[生境分布]　生于村旁、田间、地埂或山坡。分布于全国各地，广泛栽培。

[食药价值]　嫩叶可以做菜、代茶，做桑叶粿；果实可以生食或酿酒。根皮、枝条及果实可以入药，清肺热、祛风湿、补肝肾。

　　大麻科（原榆科）朴树（*Celtis sinensis*），别名黄果朴。落叶乔木。叶宽卵形至狭卵形，长3～10厘米，中部以上边缘有浅锯齿，三出脉；叶柄长0.3～1厘米。花杂性，1～3朵生于当年枝的叶腋；花被片4片；雄蕊4枚；柱头2个。核果近球形，红褐色；果柄与叶柄近等长。嫩叶可食。

　　朴籽（子/枳）粿、桑叶粿，是广东潮汕地区的特色糕点。在清明节前后，采摘朴树嫩叶洗净，和粳米磨成浆，加入白糖和酵母制作。其味清香，是潮汕人喜爱的时令糕点之一。桑叶粿的做法与朴子粿的一样。

## 鸡桑

### 桑科（Moraceae） 桑属（*Morus*）

[学　　名] *Morus australis* Poir.

[别　　名] 集桑、山桑、小叶桑

[形态特征] 落叶灌木或小乔木。叶互生，卵形，长 5～14 厘米，宽 3.5～12 厘米，先端急尖或渐尖，基部截形或近心形，边缘有粗锯齿，有时 3～5 裂，表面粗糙，背面脉上疏生短柔毛；叶柄长 1～1.5 厘米。雌雄异株；雄花序长 1.5～3 厘米，雌花序较短；雄花被片和雄蕊均为 4 枚，不育雌蕊陀螺形；雌花花柱较长，柱头 2 裂。聚花果短椭圆形，长 1～1.5 厘米，熟时红或暗紫色。花果期 3～5 月。

[生境分布] 生于石灰岩山地或林缘、荒地。分布于华北、中南及云南、贵州等地区。

[食药价值] 果可食、酿酒。叶、根皮入药，能清肺热、祛风湿。

同属植物华桑（*M.cathayana*），别名葫芦桑、花桑。树皮灰白色。叶互生，厚纸质，广卵形或近圆形，先端短尖或长渐尖，基部心形或截形，略偏斜，边缘有粗钝锯齿，有时分裂，上面疏生糙伏毛，下面密被短柔毛；叶柄长 2～5 厘米。雌雄同株。聚花果圆筒形，长 2～3 厘米。果可酿酒。叶入药，疏风清热，清肝明目。

蒙桑（*M.mongolica*），树皮灰褐色，纵裂。叶长椭圆状卵形，先端尾尖，基部心形，边缘具三角形单锯齿，稀为重锯齿，齿尖有长刺芒，两面无毛。聚花果长 1.5 厘米。作用同华桑。

## 构树

### 桑科（Moraceae） 构属（*Broussonetia*）

[学　　名] *Broussonetia papyrifera*（L.）L'Hér. ex Vent.

[别　　名] 褚桃、楮桃

[形态特征] 落叶乔木，高 10～20 米，有乳汁。叶螺旋状排列，广卵形至长椭圆状卵形，长 6～18 厘米，宽 5～9 厘米，不分裂或 3～5 裂，边缘有粗锯齿，表面有糙毛，背面密被绒毛，三出脉；叶柄长 2.5～8 厘米；托叶大，卵形，狭渐尖。雌雄异株；雄花序为柔荑花序，长 3～8 厘米；雌花序头状，直径 1.2～1.8 厘米；雄花花被片和雄蕊各 4 枚，雌花苞片棒状，先端有毛，花被管状，花柱侧生，丝状。聚花果球形，直径约 3 厘米，肉质，红色。花果期 4～7 月。

[生境分布] 多生于丘陵、山坡、村边或宅旁。分布于黄河、长江和珠江流域地区。

[食药价值] 雄花序可食。果、根皮入药，能补肾利尿、强筋骨；叶及乳汁可治疮癣。

## 薜荔

### 桑科（Moraceae） 榕属（*Ficus*）

[学　　名] *Ficus pumila* L.

[别　　名] 鬼馒头、凉粉果、木莲、凉粉子

[形态特征] 常绿攀缘灌木或木质藤本。叶二型，不结果枝上的叶小而薄，心状卵形，长约 2.5 厘米，基部斜；果枝上的叶较大而近革质，卵状椭圆形，长 4～10 厘米，先端钝，全缘，表面无毛，背面有短柔毛，网脉凸起呈蜂窝状；叶柄短粗。花序托（榕果）单生于叶腋，梨形或倒卵形，长约 5 厘米；基生苞片 3 片；雄花和瘿花同生于一花序托中，雌花生另一花序托中；雄花有雄蕊 2 枚；瘿花似雌花，但花柱较短。瘦果近球形，有黏液。花果期 5～8 月。

[生境分布] 生于丘陵地区，常攀附于墙壁、岩石或树干。分布于华东、中南和西南地区。

[食药价值] 瘦果可做凉粉。根、藤及果药用，能祛风除湿、活血通络、消肿解毒、补肾通乳。

## 珍珠莲

### 桑科（Moraceae） 榕属（*Ficus*）

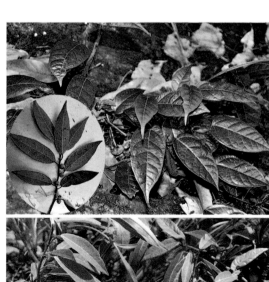

[学　　名] *Ficus sarmentosa* var. *henryi*（King ex Oliv.）Corner

[别　　名] 岩石榴、冰粉树、凉粉树

[形态特征] 常绿攀缘藤本，幼枝初生褐色柔毛，后变无毛。叶互生，革质，卵状椭圆形，长 8～10 厘米，宽 3～4 厘米，先端尾状急尖或渐尖，基部圆形，全缘，表面无毛，背面有柔毛，侧脉 7～11 对，网脉在下面突起成蜂窝状；叶柄长 0.5～1 厘米。榕果成对腋生，圆锥形，直径 1～1.5 厘米，表面密被褐色长柔毛，后脱落，顶生苞片直立，长约 3 毫米，基生苞片卵状披针形，长约 3～6 毫米。榕果无总梗或具短梗。

[生境分布] 生于阔叶林下或灌丛中。分布于华东、华南、西南及湖南、湖北等地区。

[食药价值] 瘦果可制凉粉。根、藤入药，能祛风除湿、消肿解毒，治风湿性关节炎、乳腺炎、疮疖。

　　茄科植物假酸浆（*Nicandra physalodes*），别名冰粉，其种子（石花籽、冰粉籽）是制石凉粉的原料。石凉粉是河南信阳市的一种著名特色小吃。

## 异叶榕

### 桑科（Moraceae） 榕属（Ficus）

[学　　名] *Ficus heteromorpha* Hemsl.

[别　　名] 异叶天仙果、奶浆果

[形态特征] 落叶小乔木或灌木。叶琴形至椭圆状披针形，先端渐尖或尾状，基部圆或稍心形，全缘或微波状，叶柄红色。榕果成对生短枝叶腋，稀单生，球形，光滑，熟时紫黑色，雄花和瘿花同生于一榕果中；雄花散生内壁，花被片4～5片，匙形，雄蕊2～3枚；瘿花花被片5～6片，花柱短；雌花花被片4～5片，花柱侧生，柱头画笔状。瘦果光滑。花果期4～7月。

[生境分布] 生于山谷、坡地及林中。广布于长江流域中下游及华南地区。

[食药价值] 榕果可食或制果酱。果入药，可下乳补血，治疗脾胃虚弱、缺乳等症。

## 地果

### 桑科（Moraceae） 榕属（Ficus）

[学　　名] *Ficus tikoua* Bur.

[别　　名] 地瓜、地枇杷

[形态特征] 落叶匍匐木质藤本；茎上生不定根。叶坚纸质，倒卵状椭圆形，长2～8厘米，先端尖，基部圆形或浅心形，疏生波状浅齿，侧脉3～4对，表面被短刺毛，背面沿脉有细毛；叶柄长1～2厘米，托叶披针形，被柔毛。榕果成对或簇生匍匐茎上，常埋于土中，球形或卵球形，直径1～2厘米，熟时深红色，具圆瘤点，基生苞片3片；雄花生于榕果内壁孔口部，无柄，花被片2～6片；雌花生于雌株榕果内壁，有短柄，无花被。瘦果卵球形，具瘤体。花果期5～7月。

[生境分布] 生于低山区的疏林、草坡或岩石缝中。分布于湖南、湖北、广西、云南、贵州、四川、陕西等地区。

[食药价值] 榕果可食。根治虚、补骨，叶能止泻。

# 柘

## 桑科（Moraceae） 橙桑属（*Maclura*，原柘属）

[学　名] *Maclura tricuspidata* Carr.
[别　名] 柘树、黄桑
[形态特征] 落叶灌木或小乔木。枝无毛，具硬棘刺。单叶互生，近革质，叶卵形或菱状卵形，长5～14厘米，宽3～6厘米，先端渐尖，基部楔形或圆形，全缘或3裂，幼时两面有毛；叶柄长1～2厘米。雌雄异株，头状花序；雄花苞片2或4片，花被片4片，雄蕊4枚；雌花花被片4片，花柱1根。聚花果近球形，直径约2.5厘米，肉质，成熟时橘红色；瘦果为宿存的肉质花被和苞片所包裹。花果期5～7月。
[生境分布] 常生于阳光充足的荒坡、灌木丛中。分布于中南、华东、西南至河北等地。
[食药价值] 果可食或酿酒。根皮药用，有清热凉血、通络之效。

同属植物构棘（*M.cochinchinensis*），别名葨芝、山荔子、穿破石。常绿直立或攀缘状灌木。枝无毛，具粗壮弯曲无叶的腋生刺。叶革质，倒卵状椭圆形或椭圆形，长3～8厘米，全缘，先端钝或短渐尖，基部楔形，两面无毛，侧脉7～10对；叶柄长约1厘米。雌雄异株；头状花序单生或成对腋生；雄花序直径0.6～1厘米，花被片4片，雄蕊4枚；雌花花被片顶端厚，有绒毛。聚花果球形，肉质，直径约5厘米，有毛，成熟时橙红色。果可食或酿酒。根入药，有清热活血、舒筋活络的功效。

# 葎草

## 大麻科（Cannabaceae） 葎草属（*Humulus*，原桑科）

[学　名] *Humulus scandens*（Lour.）Merr.
[别　名] 葛勒子秧、锯锯藤、拉拉藤、勒草
[形态特征] 一至多年生缠绕草本；茎、枝和叶柄有倒刺。叶纸质，对生，叶片近肾状五角形，长宽约7～10厘米，掌状5～7深裂，稀3裂，边缘有粗锯齿，表面粗糙，疏生糙伏毛，背面有柔毛和黄色腺体；叶柄长5～10厘米。雌雄异株；雄花小，淡黄绿色，排成长15～25厘米的圆锥花序，花被片5片，雄蕊5枚；雌花序球果状，每2朵花外具1片卵形、有白刺毛和黄色小腺点的苞片；花被退化为1片全缘的膜质片，花柱2根。瘦果淡黄色，扁圆形。花期春夏，果期秋季。
[生境分布] 生于沟边和路旁荒地。除新疆、青海外，其他各地区均有分布。
[食药价值] 嫩茎、叶用沸水焯熟，清水漂洗后可炒食；果穗可代啤酒花（*H.lupulus*）用。全草药用，有清热解毒、凉血之效。

# 荨麻

## 荨麻科（Urticaceae） 荨麻属（*Urtica*）

[学　　名] *Urtica fissa* E. Pritz.

[别　　名] 裂叶荨麻、白活麻、白蛇麻、火麻

[形态特征] 多年生草本。茎高 0.4～1 米，生螫毛和反曲的微柔毛。叶对生；叶片宽卵形或近五角形，长 5～15 厘米，宽 3～14 厘米，先端渐尖，基部圆形或浅心形，边缘近掌状浅裂，裂片三角形，有不规则牙齿状锯齿，背面生微柔毛，沿脉生螫毛；叶柄长 2～8 厘米；托叶合生，卵形。雌雄同株或异株；雄花序长达 10 厘米，生稀疏分枝；雄花直径约 2.5 毫米，花被片 4 片；雌花序较短；雌花小。瘦果近圆形，长约 1 毫米，表面有褐红色疣点。花果期 8～11 月。

[生境分布] 生于山地林中、路边或宅旁。分布于安徽、浙江、福建、广西、陕西、甘肃、云南、贵州、四川、华中等地区。

[食药价值] 嫩茎叶可食。全草入药，有祛风除湿和止咳的功效。

# 庐山楼梯草

## 荨麻科（Urticaceae） 楼梯草属（*Elatostema*）

[学　　名] *Elatostema stewardii* Merr.

[别　　名] 白龙骨、枵枣七、娱蚣七

[形态特征] 多年生草本。茎肉质，高 24～40 厘米，近无毛，常不分枝。叶具短柄，斜椭圆形或斜狭倒卵形，长 7～12.5 厘米，宽 2.8～4.5 厘米，基部在狭侧楔形，宽侧圆形，边缘下部全缘，其上部有牙齿状锯齿，两面初疏生短柔毛，后变无毛，侧脉约 6 对，钟乳体细小，长 2～3 毫米；托叶钻状三角形。雌雄异株；雄花序托近圆形，直径达 1 厘米，具短柄；雄花花被片 5 片，椭圆形，雄蕊 5 枚；雌花序托通常无柄；苞片狭椭圆形，有纤毛。瘦果狭卵形，长约 0.8 毫米。花期 7～9 月。

[生境分布] 生于山谷溪边或林下。分布于湖南、贵州、江西、浙江、安徽、四川、陕西、河南等省。

[食药价值] 嫩茎叶可食。全草药用，可活血祛瘀、解毒消肿。

## 糯米团

### 荨麻科（Urticaceae）        糯米团属（*Gonostegia*）

[学　　名]    *Gonostegia hirta*（Bl.）Miq.

[别　　名]    糯米菜、糯米草、糯米莲、糯米藤

[形态特征]    多年生草本。茎蔓生，长达 1.6 米，被柔毛。叶对生，披针形或卵形，长 3～10 厘米，宽 1.2～2.8 厘米，先端渐尖，基部浅心形，全缘，无毛或疏生短毛，基脉 3～5 条，叶柄短。雌雄同株，花淡绿色，簇生于叶腋；雄花有细柄，花被片 5 片，长约 2 毫米，雄蕊 5 枚；雌花近无柄，花被管状，柱头有密毛。瘦果卵球形，长约 1.5 毫米，白色或黑色，有光泽，约有 10 条细纵肋。花果期 5～9 月。

[生境分布]    生于丘陵、溪边或林下草地。广布于长江以南地区。

[食药价值]    嫩苗可作野菜，炒食或煮汤。全草药用，清热解毒，健脾消积；外敷治疮肿。研究表明：糯米藤总黄酮具有显著的 DPPH（1,1- 二苯基 -2- 三硝基苯肼）自由基清除能力，并能清除亚硝酸盐。

## 水麻

### 荨麻科（Urticaceae）        水麻属（*Debregeasia*）

[学　　名]    *Debregeasia orientalis* C. J. Chen

[别　　名]    柳莓、水麻桑、水麻叶、沙连泡

[形态特征]    落叶灌木，高 1～4 米；小枝纤细，暗红色，密生短伏毛。叶互生，纸质，披针形或狭披针形，长 5～25 厘米，宽 1～3.5 厘米，先端渐尖，基部圆钝，边缘具不等细齿，上面粗糙，下面密生白色短绒毛，基生脉 3 条，侧脉 3～5 对；叶柄长 0.3～1 厘米。雌雄异株，稀同株，花序生于老枝叶腋，具短梗或无梗，二叉状分枝，分枝顶端生球状花簇；雄花花被片 4 片，雄蕊 4 枚；雌花倒卵形，花被薄膜质紧贴子房，顶端有 4 齿。果序球形；瘦果小，宿存花被橙黄色，肉质。花果期 3～7 月。

[生境分布]    生于丘陵、低山溪边或林缘。分布于云南、贵州、四川、广西、湖南、湖北、陕西、甘肃等地区。

[食药价值]    果可食，也可酿酒。根叶入药，可祛风湿、止血、止咳。

## 青钱柳

### 胡桃科（Juglandaceae） 青钱柳属（Cyclocarya）

[学　名]　*Cyclocarya paliurus*（Batal.）Iljinsk.

[别　名]　山化树、山麻柳、摇钱树

[形态特征]　落叶乔木，高达 30 米；髓部薄片状。奇数羽状复叶长约 20 厘米；小叶常 7～9 片，纸质，长 5～14 厘米，宽 2～6 厘米，上面有盾状腺体，下面网脉明显，有灰色细小鳞片及盾状腺体，两面、中脉侧脉皆有短柔毛。雌雄同株；雄性柔荑花序长 7～18 厘米，2～4 条成一束集生在短总梗上；雌性柔荑花序单独顶生。果序轴长 25～30 厘米；果实有革质水平圆盘状翅，直径 2.5～6 厘米，顶端有 4 枚宿存花被片及花柱。花果期 4～9 月。

[生境分布]　常生于山地湿润的森林中。分布于华东、中南及贵州、四川等地区。

[食药价值]　嫩叶代茶，具有降血糖作用，被誉为医学界的"第三棵树"。第一棵树柳树：生产阿司匹林，消炎杀菌、抗血栓；第二棵树红豆杉：提取紫杉醇，防治癌症和肿瘤；第三棵树青钱柳：具有调节血糖、激活胰岛器官的功能，治疗糖尿病。

## 胡桃楸

### 胡桃科（Juglandaceae） 胡桃属（Juglans）

[学　名]　*Juglans mandshurica* Maxim.

[别　名]　核桃楸、野核桃

[形态特征]　落叶乔木，高 20 余米。奇数羽状复叶；小叶 9～17 枚，椭圆形或卵状椭圆形，长 6～18 厘米，宽 3～7 厘米，边缘具细锯齿，上面初被稀疏柔毛，后仅中脉有毛，下面有贴伏短柔毛和星状毛。花单性同株；雄性柔荑花序下垂，长 9～20 厘米，雄蕊通常 12 枚；雌花序穗状，顶生，直立，有 4～10 朵雌花，柱头鲜红色。果序俯垂，通常有 5～7 枚果实；果实卵形或椭圆形，长 3.5～7.5 厘米，直径 3～5 厘米；果核有 8 条纵棱，各棱间有不规则皱折及凹穴。花果期 5～9 月。

[生境分布]　多生于土质肥厚、湿润的沟谷两旁或山坡的阔叶林中。分布于东北、河北、山西、云南、贵州及华中、华东等地区。

[食药价值]　种子油供食用，种仁可食。树皮药用，有清热解毒之效，可以治疗慢性菌痢。

# 山核桃

## 胡桃科（Juglandaceae）　　　山核桃属（*Carya*）

[学　　名]　*Carya cathayensis* Sarg.

[别　　名]　小核桃

[形态特征]　落叶乔木，高 10～20 米；髓部实心。奇数羽状复叶；小叶 5～7 枚，卵状披针形至倒卵状披针形，长 10～18 厘米，宽 2～5 厘米，边缘有细锯齿。雌雄同株；雄性柔荑花序 3 条成一束，下垂，长 10～15 厘米；雄花有 1 片苞片和 2 片小苞片，雄蕊 2～7 枚；雌花序穗状，直立，总花梗（花序梗、花序轴）密生腺体，有 1～3 枚雌花；雌花总苞 4 裂。果实倒卵形，幼时有 4 狭翅状纵棱，外果皮干后革质；果核倒卵形，有时略侧扁，长 2～2.5 厘米，直径 1.5～2 厘米，顶端具短凸尖。花果期 4～9 月。

[生境分布]　生于山坡疏林中或腐殖质丰富的山谷。分布于浙江、安徽、湖北、湖南和贵州等省。浙江淳安县、安徽宁国市均为"中国山核桃之乡"。

[食药价值]　种仁味美可食，亦可榨油，其油芳香，供食用或制作糕点。种仁润肺；根皮、果皮治皮肤癣症。

　　同属植物湖南山核桃（*C.hunanensis*），奇数羽状复叶，小叶 5～7 枚，长椭圆形至长椭圆状披针形。雌花序具 1～2 朵花。果核长 2～3.7 厘米，直径 2.3～2.8 厘米。果可榨油，供食用。

# 茅栗

## 壳斗科（Fagaceae）　　　栗属（*Castanea*）

[学　　名]　*Castanea seguinii* Dode

[别　　名]　毛板栗、毛栗、野栗子

[形态特征]　落叶小乔木或灌木状；幼枝有灰色绒毛；无顶芽。叶 2 列，长圆形或倒卵状椭圆形，长 6～14 厘米，宽 4～5 厘米，先端短渐尖，基部圆形或略心形，边缘有锯齿，齿端尖锐或短芒状，上面无毛，下面有鳞片状腺毛，侧脉 12～17 对；叶柄长 0.5～1.5 厘米。雄性柔荑花序直立，腋生；雌花单生或生于混合花序的花序轴下部，每总苞有雌花 3～5 朵，通常 1～3 朵结实。壳斗近球形，连刺直径 3～4 厘米；坚果常为 3 个，扁球形，褐色，长 1.5～2 厘米，宽 2～2.5 厘米。花果期 5～11 月。

[生境分布]　生于丘陵山地，常见于山坡灌木丛中。分布于河南、山西、陕西和长江流域以南地区。

[食药价值]　种子含淀粉，可食用。根、果入药，用于治疗失眠、消食化气、肺结核及疮毒等症。

## 锥栗

### 壳斗科（Fagaceae）　　栗属（*Castanea*）

[学　　名]　*Castanea henryi*（Skan）Rehd. et Wils.

[别　　名]　珍珠栗、尖栗、旋栗、棒栗

[形态特征]　落叶乔木，高20～30米；树干直；幼枝无毛；无顶芽。叶2列，长圆形或披针形，长10～23厘米，宽3～7厘米，先端渐尖，基部圆形或楔形，边缘有锯齿，齿端芒尖，两面无毛，侧脉13～16对；叶柄长1～1.5厘米。雄性柔荑花序直立；每总苞有雌花1～3朵。壳斗球形，连刺直径2.5～4.5厘米，刺长0.4～1厘米；坚果单生，卵形，具尖头，长1.5～1.2厘米，宽1～1.5厘米。花果期5～10月。

[生境分布]　生于向阳、土质疏松的山地。分布于长江流域及其以南地区。福建南平建瓯市、政和县和建阳区为"中国锥栗之乡"。

[食药价值]　种子含淀粉，可食用、酿酒。种子、壳斗和叶药用，有健胃补肾、除湿热之效。

## 苦槠

### 壳斗科（Fagaceae）　　锥属（*Castanopsis*）

[学　　名]　*Castanopsis sclerophylla*（Lindl. et Paxton）Schott.

[别　　名]　苦槠栲、血槠、槠栗

[形态特征]　常绿乔木，高5～15米；树皮片状剥落，幼枝无毛。叶长椭圆形至卵状长椭圆形，长7～14厘米，宽3～5.5厘米，先端渐尖或短渐尖，基部圆形至楔形，不等侧，边缘中部以上有锐锯齿，两面无毛，背面灰绿色，侧脉10～14对；叶柄长1.5～2.5厘米。雌花单生于总苞内。壳斗杯形，全包或包围坚果的大部分；苞片三角形，顶端针刺状，排列成4～6个同心环；坚果近球形，直径1～1.4厘米，有深褐色细绒毛；果脐宽7～9毫米。花果期4～11月。

[生境分布]　生于丘陵或山林中。除云南、广东、海南和台湾外，广布于长江以南地区。

[食药价值]　种子含淀粉，可制粉条、做豆腐和苦槠糕。苦槠豆腐是江西、浙江和福建等地传统的汉族名吃。种子药用，有生津止渴、通气解暑、去滞化瘀之效，特别是对痢疾和止泻有独到的疗效。

　　同属植物甜槠（*C.eyrei*），叶全缘或上部有疏钝齿。锥（*C.chinensis*），别名桂林栲。叶缘自下1/3以上有锐锯齿。每总苞有雌花1～2朵。二者的坚果可生食。

# 柯

## 壳斗科（Fagaceae）　柯属（*Lithocarpus*）

[学　　名]　*Lithocarpus glaber*（Thunb.）Nakai

[别　　名]　石栎、椆

[形态特征]　常绿乔木，高达 15 米；小枝密生灰黄色绒毛。叶革质或厚纸质，长椭圆状披针形，长 6～14 厘米，宽 2.5～5.5 厘米，先端短尾尖，基部楔形，全缘或近顶端有时具 2～4 个浅裂齿，侧脉 6～8 对；叶柄长 1～1.5 厘米。雄花序长达 15 厘米；雌花 3～5 朵一簇；壳斗杯形，近无柄，包围坚果基部；苞片小，有灰白色细柔毛；坚果椭圆形，高 1.2～2.5 厘米，宽 0.8～1.5 厘米，略被白粉；果脐内陷。花期 7～11 月，果次年同期成熟。

[生境分布]　生于山坡林中。分布于浙江、江苏、湖南、江西、福建和广东等省。

[食药价值]　种子含淀粉，可生食、炒食、做豆腐及酿酒。树皮入药，可以治疗腹水病。

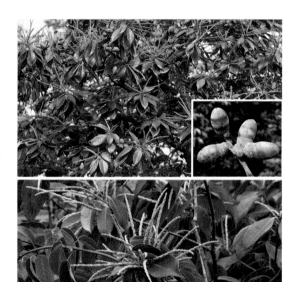

# 青冈

## 壳斗科（Fagaceae）　青冈属（*Cyclobalanopsis*）

[学　　名]　*Cyclobalanopsis glauca*（Thunb.）Oerst.

[别　　名]　铁椆、青冈栎

[形态特征]　常绿乔木，高达 20 米；小枝无毛。叶革质，倒卵状椭圆形或长椭圆形，长 6～13 厘米，宽 2～5.5 厘米，顶端渐尖或短尾状，基部圆形或宽楔形，叶缘中部以上有疏锯齿，侧脉 9～13 对，叶面无毛，叶背有白色毛，老时渐脱落，常有白色鳞秕；叶柄长 1～3 厘米。雌花序具花 2～4 朵。壳斗碗形，包围坚果 1/3～1/2，直径 0.9～1.4 厘米，高 0.6～0.8 厘米；苞片合生成 5～6 条同心环带。坚果卵形或近球形，直径 0.9～1.4 厘米，高 1～1.6 厘米；果脐平坦或微凸起。花果期 4～10 月。

[生境分布]　生于山坡或沟谷。分布于长江流域及其以南地区。

[食药价值]　种仁去涩味可做豆腐及酿酒。果实中含有抗癌的有效成分。

　　同属植物小叶青冈（*C.myrsinifolia*），别名青椆，用途同青冈。

## 栓皮栎

**壳斗科（Fagaceae）　　栎属（*Quercus*）**

[学　　名]　*Quercus variabilis* Bl.

[别　　名]　粗皮青冈、软木栎

[形态特征]　落叶乔木，高达 30 米；树皮深纵裂，木栓层发达。小枝无毛。叶卵状披针形或长椭圆状披针形，长 8～20 厘米，顶端渐尖，基部圆形或宽楔形，具刺芒状锯齿，老叶下面密被灰白色星状毛，侧脉 13～18 对；叶柄长 1～5 厘米。壳斗杯状，包围坚果 2/3，连苞片高约 1.5 厘米，直径 2.5～4 厘米；苞片钻形，反曲，被短毛。果宽卵圆形或近球形，长约 1.5 厘米，顶端平圆。花果期 3 月至翌年 10 月。

[生境分布]　常生于向阳山坡。分布于辽宁、河北、山西、陕西、甘肃、云南、贵州、四川及华东、中南等地区。

[食药价值]　种子富含淀粉，可酿酒、制酱油和凉粉等。果壳药用，主治咳嗽、水泻。

## 麻栎

**壳斗科（Fagaceae）　　栎属（*Quercus*）**

[学　　名]　*Quercus acutissima* Carr.

[别　　名]　栎、橡碗树

[形态特征]　落叶乔木，树皮深灰褐色，深纵裂。幼枝有黄色绒毛，后变无毛。叶长椭圆状披针形，长 8～19 厘米，宽 2～6 厘米，先端渐尖，基部圆形或宽楔形，边缘具芒状锯齿。壳斗杯形，包围坚果约 1/2，直径 2～3 厘米，高约 1 厘米；苞片披针形，反曲，有灰白色绒毛；坚果卵状球形至长卵形，直径 1.5～2 厘米，长约 2 厘米；果脐突起。花果期 3 月至翌年 10 月。

[生境分布]　生于山地、丘陵地带。分布于辽宁、河北、山西、云南、贵州、四川及华东、中南等地区。

[食药价值]　种子含淀粉，可酿酒。树皮、叶及果入药，有收敛、止泻、解毒消肿的功效，用于治疗久泻痢疾、乳腺炎。

同属植物乌冈栎（*Q.phillyreoides*），常绿灌木。叶卵形、倒卵形至长椭圆状倒卵形，基部以上有小锯齿。壳斗包围坚果 1/3～1/2。

橿子栎（*Q.baronii*），半常绿灌木或乔木。叶卵状披针形，长 3～6 厘米，宽 1.3～2 厘米，叶缘 1/3 以上有锐锯齿。壳斗包围坚果 1/2～2/3。它们的种子均可加工利用。

# 枹栎

## 壳斗科（Fagaceae）　　栎属（*Quercus*）

[学　　名]　*Quercus serrata* Murray

[别　　名]　枹树、短柄枹栎

[形态特征]　落叶乔木，树皮灰褐色，深纵裂。幼枝略有毛，后脱落。叶倒卵形或倒卵状椭圆形，长7～17厘米，宽3～9厘米，先端渐尖或急尖，基部楔形或圆形，边缘有锯齿，幼时被毛，老时疏生柔毛或近无毛，侧脉7～12对；叶柄长1～3厘米。壳斗杯形，包围坚果1/4～1/3，直径1～1.2厘米，高5～8毫米；苞片三角形；坚果卵形至椭圆形，直径0.8～1.2厘米，长1.7～2厘米。花果期3～10月。

[生境分布]　生于山地或沟谷林中。分布于山东、河南、陕西和长江流域各省，南达广西。

[食药价值]　种子含淀粉，供酿酒和做饮料。带虫瘿的果实，具有健脾胃、利尿、解毒等功效，可以治疗胃痛、小便淋涩。

# 槲栎

## 壳斗科（Fagaceae）　　栎属（*Quercus*）

[学　　名]　*Quercus aliena* Bl.

[别　　名]　白皮栎、细皮青冈

[形态特征]　落叶乔木，高达30米。小枝无毛；叶长椭圆状倒卵形至倒卵形，长10～30厘米，宽5～16厘米，先端微钝或短渐尖，基部楔形或圆形，边缘疏有波状钝齿，下面密生灰白色星状细绒毛，叶脉在下面隆起，侧脉10～15对；叶柄长1～1.3厘米。壳斗杯形，包围坚果约1/2，直径1.2～2厘米，高1～1.5厘米；苞片卵状披针形，被灰白色短柔毛。坚果椭圆形至卵形，直径1.3～1.8厘米，长1.7～2.5厘米；果脐略隆起。花果期3～10月。

[生境分布]　生于向阳山坡。分布于辽宁、河北至华南和西南地区。

[食药价值]　种子含淀粉，可酿酒，做豆腐，制凉粉、粉条及酱油等。叶药用，有清热解毒、收敛止血之功效。

　　同属植物槲树（*Q.dentate*），别名柞栎。小枝密被灰黄色星状绒毛。叶面深绿色，基部耳形，叶缘波状裂片或粗锯齿，叶背面密被灰褐色星状绒毛，侧脉4～10对；叶柄长2～5毫米。壳斗包围坚果1/2～1/3。作用同槲栎。河北秦皇岛地区长城沿线的地方名吃——桲椤叶饼，就是利用槲树的嫩叶包裹面粉和馅料制作而成。

## 白栎

### 壳斗科（Fagaceae） 栎属（*Quercus*）

[学　　名] *Quercus fabri* Hance.

[别　　名] 小白栎

[形态特征] 落叶乔木或灌木状，树皮灰褐色，深纵裂。小枝密生灰黄色至灰褐色绒毛；叶片倒卵形至椭圆状倒卵形，长7～15厘米，宽3～8厘米，顶端钝或短渐尖，基部楔形或窄圆形，叶缘具波状钝齿，幼时两面被灰黄色星状毛，侧脉8～12对；叶柄长3～5毫米。雄花序较长，总花梗（花序梗、花序轴）被绒毛，雌花序生2～4朵花，壳斗杯形，包围坚果约1/3，直径0.8～1.1厘米，高4～8毫米。坚果长椭圆形或卵状长椭圆形，直径0.7～1.2厘米，长1.7～2厘米，果脐突起。花果期4～10月。

[生境分布] 生于丘陵地区的山坡灌木丛或林中。广布于长江流域和华南地区。

[食药价值] 种子含淀粉，可酿酒，做豆腐（择子豆腐）或粉丝。果实的虫瘿可以治疗小儿疳积、大人疝气和急性结膜炎。

择子豆腐是浙江特色小吃。"择子"乃浙江东阳方言，正确的写法应为"柞子"，柞子是栎树的坚果，也叫橡子。栎树也被称为橡树或柞树。择子豆腐性凉，能清热解暑。人们如遇拉肚子，取少许择子粉煮成豆腐状，趁热吃下，即可止泻。

## 地肤

### 苋科（Amaranthaceae） 地肤属（*Kochia*，原藜科）

[学　　名] *Kochia scoparia*（L.）Schrad.

[别　　名] 扫帚菜、观音菜

[形态特征] 一年生草本，高0.5～1米。茎直立，多分枝。分枝斜上，淡绿色或带紫红色，稍有短柔毛或下部几无毛。叶互生，披针形或条状披针形，长2～5厘米，宽3～7毫米，两面生短柔毛。花两性或雌性，常1～3朵生于叶腋，集成稀疏的穗状花序；花被片5片，基部合生，果期自背部生三角状横突起或翅；雄蕊5枚；花柱极短，柱头2个。胞果扁球形，包于花被内；种子卵形，黑褐色。花果期6～10月。

[生境分布] 生于田边、路旁和荒地等处。分布几遍全国。

[食药价值] 幼苗可作蔬菜。果实称"地肤子"，为常用中药，能清湿热、利尿，治疗尿痛、尿急；外用治疗皮肤癣及阴囊湿疹。

## 藜

荥科（Amaranthaceae）    藜属（*Chenopodium*，原藜科）

[学　　名]　*Chenopodium album* L.

[别　　名]　灰菜、灰灰菜、灰藋

[形态特征]　一年生草本，高0.3~1.5米。茎直立，粗壮，有棱和条纹，多分枝。叶有长柄；叶片菱状卵形至披针形，长3~6厘米，宽2.5~5厘米，先端急尖或微钝，基部宽楔形，边缘有不整齐锯齿，下面生粉粒，灰绿色。花两性，花簇排成腋生或顶生的圆锥状花序；花被片5片，宽卵形或椭圆形，边缘膜质；雄蕊5枚；柱头2个。胞果果皮与种子贴生。种子双凸镜形，黑色，光亮，表面有浅沟纹。花果期6~10月。

[生境分布]　生于田间、路边、荒地或宅旁。分布于全国各地。

[食药价值]　幼苗、嫩茎叶供食用。全草入药，能止泻痢、止痒。

## 小藜

荥科（Amaranthaceae）    藜属（*Chenopodium*，原藜科）

[学　　名]　*Chenopodium ficifolium* Sm.

[别　　名]　苦落藜

[形态特征]　一年生草本，高20~50厘米。茎直立，分枝，有条纹。叶片卵状长圆形，长2.5~5厘米，宽1~3厘米，通常三浅裂；叶先端钝或急尖并具短尖头，基部楔形，边缘有波状锯齿，上下面疏生粉粒；叶柄细弱。花序穗状；花两性；花被片5片，宽卵形，先端钝，淡绿色；雄蕊5枚；柱头2个，条形。胞果包于花被内，果皮膜质，有明显的网纹；种子双凸镜状，边缘微钝，黑色，直径约1毫米。花果期4~7月。

[生境分布]　生于荒地、河滩及沟谷潮湿地。除西藏外分布于其他地区。

[食药价值]　幼苗、嫩茎叶可作野菜。全草入药，有疏风清热、解毒祛湿的功效。

# 猪毛菜

## 苋科（Amaranthaceae） 碱猪毛菜属（*Salsola*，原藜科）

[学　　名] *Salsola collina* Pall.
[别　　名] 扎蓬棵、扎蓬蒿、猪毛缨
[形态特征] 一年生草本，高 0.2～1 米。茎、枝绿色，有条纹，生短糙硬毛或无毛。叶丝状圆柱形，肉质，被短硬毛，长 2～5 厘米，宽 0.5～1 毫米，顶端针刺状。花序穗状，生枝条上部；苞片宽卵形；小苞片狭披针形；花被片 5 片，披针形，膜质，果时变硬，背部生短翅或革质突起；花药长圆形；柱头丝状，长为花柱的 1.5～2 倍。胞果倒卵形，果皮膜质。种子横生或斜生，直径约 1.5 毫米。花果期 7～10 月。
[生境分布] 生于村边、荒地和盐碱地上。分布于河南、山东、江苏及东北、华北、西北、西南等地区。
[食药价值] 嫩茎叶可供食用。全草入药，有降低血压的作用。

# 青葙

## 苋科（Amaranthaceae） 青葙属（*Celosia*）

[学　　名] *Celosia argentea* L.
[别　　名] 百日红、狗尾草、野鸡冠花
[形态特征] 一年生草本，高 0.3～1 米，全株无毛；茎直立，有分枝。叶长圆状披针形至披针形，长 5～8 厘米，宽 1～3 厘米。穗状花序长 3～10 厘米；苞片、小苞片和花被片干膜质，光亮，淡红色；雄蕊花丝下部合生成杯状。胞果卵形，长 3～3.5 毫米，盖裂；种子肾状圆形，黑色，光亮。花果期 5～10 月。
[生境分布] 生于平原、田边、丘陵及山坡。分布几遍全国，野生或栽培。
[食药价值] 嫩茎叶作野菜。种子供药用，有清肝、明目、降低血压的功效；全草有清热利湿之效。

# 反枝苋

## 苋科（Amaranthaceae）　　苋属（*Amaranthus*）

［学　　名］　*Amaranthus retroflexus* L.

［别　　名］　西风谷、苋菜

［形态特征］　一年生草本，高 20～80 厘米；茎直立，密生短柔毛。叶菱状卵形或椭圆卵形，长 5～12 厘米，宽 2～5 厘米，顶端微凸，具小芒尖，两面和边缘有柔毛；叶柄长 1.5～5.5 厘米。花单性或杂性，集成顶生和腋生的圆锥花序；苞片和小苞片钻形，花被片白色，具一淡绿色中脉；雄蕊比花被片稍长。胞果扁球形，环状横裂，淡绿色，包裹在宿存花被片内。花果期 7～9 月。

［生境分布］　生于田园、农地和宅旁。原产热带美洲，分布于山东、河南及东北、华北、西北等地区。

［食药价值］　嫩茎叶可作野菜。种子作青葙子入药；全草药用，可治疗腹泻、痢疾、痔疮肿痛出血等症。

# 刺苋

## 苋科（Amaranthaceae）　　苋属（*Amaranthus*）

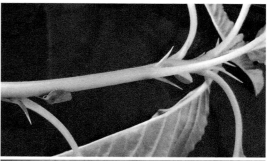

［学　　名］　*Amaranthus spinosus* L.

［别　　名］　笕苋菜、勒苋菜

［形态特征］　一年生草本，高 0.3～1 米；茎直立，多分枝，有纵条纹，绿色或带紫色，几无毛。叶片菱状卵形或卵状披针形，长 3～12 厘米，宽 1～5.5 厘米，顶端圆钝；叶柄长 1～8 厘米，无毛，基部两侧各有 1 刺。圆锥花序腋生和顶生；部分苞片变成尖刺；花被片绿色，中脉绿色或带紫色；雄蕊 5 枚。胞果长圆形，不规则横裂，包裹在宿存花被片内。种子近球形，黑色或带棕黑色。花果期 7～11 月。

［生境分布］　生于旷地或园圃。分布于陕西、河南及南方地区。

［食药价值］　嫩茎叶可作野菜。全草供药用，有清热解毒、散瘀消肿的功效。

# 皱果苋

## 苋科（Amaranthaceae）        苋属（*Amaranthus*）

[学　　名]　*Amaranthus viridis* L.
[别　　名]　绿苋
[形态特征]　一年生草本，高40～80厘米，全体无毛；茎直立，少分枝。叶卵形至卵状长圆形，长3～9厘米，宽2.5～6厘米，顶端微缺，稀圆钝，具小芒尖，基部宽楔形或近截形；叶柄长3～6厘米。穗状圆锥花序顶生，花单性或杂性；苞片和小苞片干膜质，披针形，小；花被片3片，膜质，长圆形或倒披针形；雄蕊3枚。胞果扁球形，不裂，极皱缩，超出宿存花被片。种子近球形，黑褐色。花果期6～10月。
[生境分布]　生于宅旁、旷地或田间。原产热带非洲，分布于全国各地。
[食药价值]　嫩茎叶可作野菜食用。全草入药，有清热解毒、利尿止痛的功效。

# 凹头苋

## 苋科（Amaranthaceae）        苋属（*Amaranthus*）

[学　　名]　*Amaranthus blitum* L.
[别　　名]　野苋
[形态特征]　一年生草本，高达30厘米；全株无毛。茎伏卧上升，基部分枝。叶片卵形或菱状卵形，长1.5～4.5厘米，顶端凹缺，具芒尖，基部宽楔形；叶柄长1～3.5厘米。花簇腋生于枝端，集成穗状圆锥花序；苞片和小苞片长圆形。花被片长圆形或披针形，淡绿色，背部具隆起中脉；雄蕊较花被片稍短。胞果扁卵形，略皱缩，近平滑，超出宿存花被片。种子圆形，黑或黑褐色。花果期7～9月。

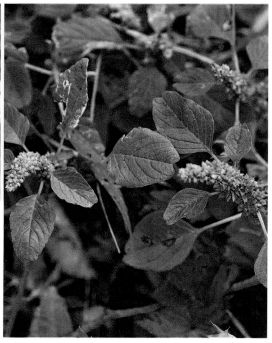

[生境分布]　生于田野及宅旁的杂草地上。分布几遍全国。
[食药价值]　嫩茎叶可食。全草入药，有缓和止痛、收敛、利尿和解热作用。

# 牛膝

## 苋科（Amaranthaceae） 牛膝属（*Achyranthes*）

[学　　名] *Achyranthes bidentata* Bl.

[别　　名] 牛磕膝、倒扣草、怀牛膝

[形态特征] 多年生草本，高 0.7～1.2 米；根圆柱形；茎有棱角，几无毛，节部膝状膨大，有分枝。叶卵形至椭圆状披针形，长 4.5～12 厘米，两面有柔毛；叶柄长 0.5～3 厘米。穗状花序腋生和顶生，长 3～5 厘米，花后总花梗（花序梗、花序轴）伸长，花向下折而贴近总花梗；苞片宽卵形，顶端渐尖，小苞片刺状，基部有卵形小裂片；花被片 5 片，绿色；雄蕊 5 枚，基部合生。胞果长圆形；种子长圆形，黄褐色。花果期 7～10 月。

[生境分布] 生于宅旁、山坡草丛及林下。除东北外，广布于其他地区。

[食药价值] 嫩茎叶可食用。根或全草供药用，活血散瘀，通利关节。根入药，生用，活血通经；治疗产后腹痛、月经不调、闭经、鼻衄、虚火牙痛、脚气水肿；熟用，补肝肾、强腰膝；治疗腰膝酸痛、肝肾亏虚、跌打瘀痛。

　　焦作特产四大怀药：古怀庆府（今河南省焦作市境内）所产的山药、牛膝、地黄和菊花。

　　同属植物土牛膝（*A.aspera*），别名倒钩草、倒梗草。穗状花序顶生，直立，长 10～30 厘米。

# 莲子草

## 苋科（Amaranthaceae） 莲子草属（*Alternanthera*）

[学　　名] *Alternanthera sessilis*（L.）DC.

[别　　名] 满天星、虾钳菜

[形态特征] 多年生草本，高 10～45 厘米；茎上升或匍匐，多分枝，具纵沟，沟内有柔毛，在节处有 1 行横生柔毛。叶对生，条状披针形或倒卵状长圆形，长 1～8 厘米，宽 0.2～2 厘米，全缘或具不明显锯齿。头状花序 1～4 个，腋生，无总梗；苞片、小苞片和花被片白色，宿存；雄蕊 3 枚，花丝基部合生成杯状。胞果倒心形，边缘常具翅，包于花被内。种子卵球形。花果期 5～9 月。

[生境分布] 生于村旁、水沟、田边及沼泽等潮湿处。分布于华东、华中、华南和西南地区。

[食药价值] 嫩叶可作野菜。全草可入药，能清热、拔毒、凉血，治痢疾、疥癣等。

　　同属植物喜旱莲子草（*A.philoxeroides*），别名革命草、水花生。头状花序单生叶腋，具花序梗。

# 马齿苋

## 马齿苋科（Portulacaceae）　　马齿苋属（*Portulaca*）

[学　　名]　*Portulaca oleracea* L.

[别　　名]　马苋、五行草、长命菜

[形态特征]　一年生肉质草本，通常匍匐，无毛；茎淡绿色或带紫色。叶楔状长圆形或倒卵形，长 1～3 厘米，宽 0.6～1.5 厘米。花无梗，直径 4～5 毫米，常 3～5 朵簇生枝端；苞片 2～6 片，膜质；萼片 2 片；花瓣 4～5 片，黄色；子房半下位，1 室，柱头 4～6 裂。蒴果卵球形，盖裂；种子多数，肾状卵形，黑褐色，有小疣状突起。花果期 5～9 月。

[生境分布]　常生于田间、地边或路旁。原产印度，现已遍布我国各地。

[食药价值]　嫩茎叶可作野菜食用；制作保健食品和饮料。全草可入药，有清热解毒、消炎、止渴和利尿作用；种子明目。研究表明：马齿苋含有一种通常只存在于鱼类脂肪中的不饱和脂肪酸，它可以显著改善人体血液循环，常被用于预防心血管病和动脉硬化，因此马齿苋被冠以"菜中之鱼""长寿菜"的美称。

采收处理：夏秋采集较嫩的植株，去根，洗净泥土，然后用开水烫或稍蒸一下，晒干即可。以棵小质嫩、叶多为佳。

相关视频请观看中央电视台科教频道（CCTV10）《健康之路》视频 2013 年第 20130527 期：《能治病的菜（六）》。

# 土人参

## 土人参科（Talinaceae）　　土人参属（*Talinum*，原马齿苋科）

[学　　名]　*Talinum paniculatum*（Jacq.）Gaertn.

[别　　名]　栌兰、假人参、红参

[形态特征]　一年生或多年生草本，高 0.3～1 米，肉质，全体无毛。主根粗壮，分枝如人参，棕褐色。叶倒卵形或倒卵状披针形，长 5～10 厘米，宽 2.5～5 厘米，全缘。圆锥花序顶生或侧生，多呈二歧分枝；花直径约 6 毫米；萼片 2 片，卵形；花瓣 5 片，倒卵形或椭圆形，淡红色；子房球形，柱头 3 深裂，蒴果近球形，直径约 4 毫米，3 瓣裂；种子多数，黑褐色或黑色，有突起。花果期 6～11 月。

[生境分布]　生于田野、路边及墙角等阴湿地。原产热带美洲，我国河南以南各地均有栽培，或逸为野生。

[食药价值]　嫩叶可食用。根为滋补强壮药，补中益气，润肺生津；叶消肿解毒，治疗疮、疖肿。

在西非、拉美的许多地区，土人参早已成为大众蔬菜。其根、叶均可食用，可炒、涮、炖或做汤，营养丰富，口感嫩滑，风味独特，是近年来新兴起的一种叶菜类蔬菜。

## 落葵薯

### 落葵科（Basellaceae）　　落葵薯属（*Anredera*）

[学　　名]　*Anredera cordifolia*（Tenore）Steenis

[别　　名]　藤三七、马德拉藤、川七

[形态特征]　缠绕草质藤本。根状茎粗壮。叶具短柄，叶片卵形或近圆形，长2~6厘米，顶端尖，基部圆形或心形，稍肉质，腋生珠芽。总状花序多花，总花梗（花序梗、花序轴）纤细，下垂，长7~25厘米；苞片窄，宿存。花径约5毫米；花梗（花柄）长2~3毫米，花托杯状，下面1对宽三角形小苞片，透明，上面1对小苞片淡绿色，宽椭圆形或近圆形；花被片白色，渐变黑，卵形至椭圆形，长约3毫米；雄蕊白色；花柱3叉裂。花期6~10月。

[生境分布]　原产南美热带地区。我国江苏、浙江、福建、广东、湖北、四川、云南及北京等地有栽培，或逸为野生。

[食药价值]　嫩茎叶可做菜。珠芽、叶及根供药用，有滋补、壮腰膝、消肿散瘀的功效。

## 孩儿参

### 石竹科（Caryophyllaceae）　　孩儿参属（*Pseudostellaria*）

[学　　名]　*Pseudostellaria heterophylla*（Miq.）Pax

[别　　名]　太子参、异叶假繁缕

[形态特征]　多年生草本，高15~20厘米。块根长纺锤形，白色，生细根。茎直立，单生，被二行短毛。下部叶匙形或倒披针形，基部渐狭；上部叶宽卵形或菱状卵形，长3~6厘米，宽0.2~2厘米，顶端渐尖，基部渐狭，上面无毛，下面沿脉疏生柔毛；茎顶端两对叶稍密集，较大，成十字形排列。花二型：普通花1~3朵顶生，白色；萼片5片，披针形；花瓣5片，长圆形或倒卵形，顶端2齿裂；雄蕊10枚；子房卵形，花柱3根，条形。闭锁花生茎下部叶腋，小形；萼片4片；无花瓣。蒴果卵形；种子褐色，扁圆形，有疣状突起。花果期4~8月。

[生境分布]　常生于山谷林下阴湿处。分布于东北、华北、

西北、华东和华中地区。福建柘荣县、贵州施秉县均为"中国太子参之乡"。

[食药价值]　嫩苗可作野菜食用。块根供药用，有健脾、补气、生津、滋补强壮等功效。

## 繁缕

### 石竹科（Caryophyllaceae）　　繁缕属（*Stellaria*）

[学　　名]　*Stellaria media*（L.）Vill.

[别　　名]　鹅肠菜、鹅耳伸筋、鸡儿肠

[形态特征]　一年生或二年生草本，高 10～30 厘米。茎多分枝，带淡紫红色，茎上有一行短柔毛。叶卵形，先端尖，基部渐窄，全缘；下部叶具柄，上部叶常无柄。聚伞花序顶生，或单花腋生，萼片 5 片，卵状披针形，先端钝圆，花瓣 5 片，短于萼片，2 深裂近基部；雄蕊 3～5 枚，短于花瓣，花柱短线形。蒴果卵圆形，稍长于宿萼，顶端 6 裂。种子多数，红褐色。花果期 6～8 月。

[生境分布]　生于田间、路旁或溪边草地。广布于全国各地。

[食药价值]　嫩苗可食。全草入药，有抗菌消炎的功效。

## 鹅肠菜

### 石竹科（Caryophyllaceae）　　鹅肠菜属（*Myosoton*）

[学　　名]　*Myosoton aquaticum*（L.）Moench

[别　　名]　牛繁缕、鹅肠草

[形态特征]　二年生或多年生草本，高达 80 厘米。茎多分枝，上部被腺毛。叶对生，卵形，长 2.5～5.5 厘米，宽 1～3 厘米，先端尖，基部稍心形；叶柄长 0.5～1 厘米，上部叶常无柄。顶生二歧聚伞花序或花单生叶腋；苞片叶状，边缘具腺毛。花梗（花柄）细，长 1～2 厘米，密被腺毛；萼片 5 片，卵状披针形；花瓣 5 片，白色，2 深裂；雄蕊 10 枚；子房长圆形，花柱 5 根，线形。蒴果卵圆形，5 瓣裂至中部，裂瓣 2 齿裂。种子多数，扁肾圆形，褐色，具小疣。花果期 5～9 月。

[生境分布]　生于山坡、山谷、林下、河滩或田边。分布于我国南北各地。

[食药价值]　幼苗可作野菜。全草药用，有祛风解毒的功效，外敷治疗疖疮。

# 麦瓶草

## 石竹科（Caryophyllaceae） 蝇子草属（*Silene*）

[学　　名] *Silene conoidea* L.

[别　　名] 净瓶、米瓦罐、面条菜

[形态特征] 一年生草本，高25～60厘米，全株被腺毛。主根细长，稍木质。茎直立，单生，叉状分枝。基生叶匙形，茎生叶长圆形或披针形，长5～8厘米，宽0.5～1厘米，有腺毛。聚伞花序顶生，花少数；花萼圆锥形，长2～3厘米，果期下部膨大，呈宽卵形，纵脉30条，萼齿狭披针形；花瓣5片，倒卵形，粉红色，喉部有2鳞片；雄蕊10枚；花柱3根。蒴果梨形，有光泽，花萼宿存；种子肾形，长约1.5毫米，暗褐色，具小疣。花果期5～7月。

[生境分布] 常生于麦田中或荒地上。分布于黄河和长江流域地区，西至新疆、西藏。

[食药价值] 嫩苗可作野菜食用。全草药用，治鼻衄、吐血、尿血、肺脓疡和月经不调等症。

# 萹蓄

## 蓼科（Polygonaceae） 萹蓄属（*Polygonum*，原蓼属）

[学　　名] *Polygonum aviculare* L.

[别　　名] 竹叶草、扁竹

[形态特征] 一年生草本，高10～40厘米。茎平卧或上升，自基部分枝，具纵棱。叶狭椭圆形或披针形，长1～4厘米，宽0.3～1.2厘米，顶端钝或急尖，基部楔形，全缘；叶柄短或近无柄；托叶鞘膜质，下部褐色，上部白色，有不明显脉纹。花1～5朵生于叶腋；苞片薄膜质；花梗（花柄）细，顶部具关节；花被5深裂，裂片椭圆形，绿色，边缘白色或淡红色；雄蕊8枚，花柱3根。瘦果卵形，具3棱，黑褐色，密被由小点组成的细条纹，无光泽。花果期5～8月。

[生境分布] 生于田野、路边、荒地及河沟旁等湿地。全国各地均有分布。

[食药价值] 嫩茎叶食用。全草药用，有清热解毒、通经利尿的功效。

## 酸模叶蓼

### 蓼科（Polygonaceae） 萹蓄属（*Polygonum*，原蓼属）

[学　　名]　*Polygonum lapathifolium* L.

[别　　名]　大马蓼、斑蓼

[形态特征]　一年生草本，高 40～90 厘米。茎直立，有分枝。叶柄有短刺毛；叶披针形或宽披针形，长 5～15 厘米，宽 1～3 厘米，顶端渐尖或急尖，基部楔形，上面绿色，常有黑褐色新月形斑点，两面沿中脉被短硬伏毛，全缘，边缘具粗缘毛，托叶鞘筒状，膜质，淡褐色，无毛。圆锥状花序；苞片漏斗状，边缘具稀疏短缘毛；花淡红色或白色，花被通常 4 深裂，裂片椭圆形；雄蕊 6 枚；花柱 2 根。瘦果卵形，扁平，两面微凹，黑褐色，光亮，包于宿存花被内。花果期 6～9 月。

[生境分布]　生于路旁湿地和沟渠水边。广布于南北各地。

[食药价值]　嫩茎叶可食，有些地方称之为"黑点菜"。全草入药，消肿止痛，止泻；可用于晕车止呕。

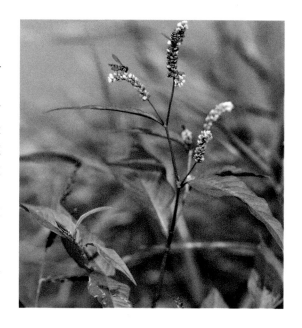

## 水蓼

### 蓼科（Polygonaceae） 萹蓄属（*Polygonum*，原蓼属）

[学　　名]　*Polygonum hydropiper* L.

[别　　名]　辣蓼、辣柳菜

[形态特征]　一年生草本，高 40～70 厘米。茎直立，多分枝，无毛。叶披针形，长 4～8 厘米，宽 0.5～2.5 厘米，顶端渐尖，基部楔形，全缘，具缘毛，两面被褐色小点；叶柄长 4～8 毫米；托叶鞘筒状，膜质，紫褐色，疏生短硬伏毛。花序穗状，顶生或腋生，通常下垂，下部间断；苞片漏斗状，疏生短缘毛；花稀疏，花被 5 深裂，稀 4 裂，绿色，上部白色或淡红色，有腺点；雄蕊常 6 枚；花柱 2～3 根。瘦果卵形，双凸镜状或具 3 棱，密被小点，黑褐色，无光泽，包于宿存花被内。花果期 5～10 月。

[生境分布]　生于河滩、田野水边或山谷湿地。分布于我国南北各地。

[食药价值]　嫩苗、嫩茎叶作野菜食用；辣蓼草做酒曲。全草入药，消肿解毒、利尿、止痢。

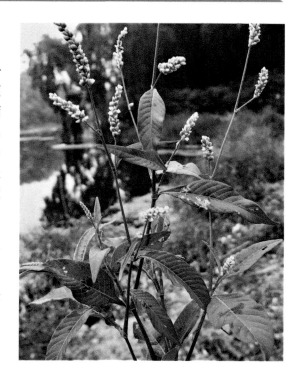

# 杠板归

## 蓼科（Polygonaceae）　　　萹蓄属（*Polygonum*，原蓼属）

[学　　名]　*Polygonum perfoliatum* L.
[别　　名]　刺犁头、贯叶蓼、蛇倒退
[形态特征]　一年生草本。茎攀缘，多分枝，长1～2米，具纵棱，沿棱具稀疏的倒生皮刺。叶片三角形，长3～7厘米，下部宽2～5厘米，顶端略尖，基部截形或近心形；叶柄长3～8厘米，盾状着生；托叶鞘草质，近圆形，抱茎。花序穗状，顶生或腋生；苞片圆形；花白色或淡红色；花被5深裂，裂片在果时增大，肉质，变为深蓝色；雄蕊8枚，花柱3根。瘦果球形，黑色，有光泽，包于宿存花被内。花果期6～10月。
[生境分布]　生于田边、路旁及山谷灌木丛中。分布于全国大部分地区。
[食药价值]　叶酸甜，可生食。茎、叶供药用，有清热止咳、散瘀解毒、止痒等功效。

# 何首乌

## 蓼科（Polygonaceae）　　　何首乌属（*Fallopia*）

[学　　名]　*Fallopia multiflora*（Thunb.）Harald.
[别　　名]　夜交藤、赤首乌
[形态特征]　多年生草本。块根长椭圆形，黑褐色。茎缠绕，长2～4米，中空，多分枝，具纵棱，基部木质化。叶片卵形，长3～7厘米，宽2～5厘米，顶端渐尖，基部心形或近心形；叶柄长1.5～3厘米；托叶鞘膜质，短筒状。花序圆锥状，顶生或腋生；苞片三角状卵形，花小，白色；花被5深裂，裂片大小不等，外面3片较大背部具翅，果时增大；雄蕊8枚，花柱3根。瘦果椭圆形，具3棱，光滑，黑色，有光泽，包于宿存花被内。花果期8～10月。
[生境分布]　生于山谷林缘、灌丛、山脚阴处或石缝中。分布于陕西、甘肃及华东、中南、西南等地区。广东德庆县被誉为"何首乌之乡"。
[食药价值]　嫩茎叶可作野菜食用；块根含淀粉，可酿酒。块根药用，滋补强壮，有安神、养血、活络和乌发的功效；茎藤可治失眠症。
　　"近年来一些新闻媒体不时报道某某地方挖出了人形何首乌。中国科学院院士、著名植物学家吴征镒先生说，世界上根本没有所谓的千年人形何首乌，那是骗人的把戏。全社会都应重视科普教育，宣传真科学，抵制伪科学。"

世上没有千年何首乌——《学会》1996年　第1期，http://www.cnki.com.cn/Article/CJFDTotal-XHYK601.022.htm。
　　夫妻何首乌现形记——《植物杂志》1995年　第3期，http://www.cnki.com.cn/Article/CJFDTOTAL-ZWZA199503001.htm。

# 虎杖

## 蓼科（Polygonaceae） 虎杖属（*Reynoutria*）

[学　　名] *Reynoutria japonica* Houtt.

[别　　名] 酸汤杆、酸筒杆

[形态特征] 多年生草本，高 1～2 米。茎直立，中空，散生红色或紫红色斑点。叶有短柄；叶片宽卵形或卵状椭圆形，长 5～12 厘米，宽 4～9 厘米，顶端有短骤尖，基部圆形或楔形；托叶鞘膜质，褐色，早落。雌雄异株，圆锥状花序腋生；花梗（花柄）细长，中部有关节；花被 5 深裂，裂片 2 轮，外轮 3 片在果时增大，背部生翅；雄蕊 8 枚，雌花花柱 3 根。瘦果椭圆形，有 3 棱，黑褐色，光亮，包于宿存花被内。花果期 8～10 月。

[生境分布] 多生于山谷溪旁、河岸及路边草丛中。分布于山东、河南、湖北、江西、福建、云南、贵州、四川、陕西等省。福建宁化县为"中国虎杖之乡"。

[食药价值] 嫩茎叶可食。根入药，有活血散瘀、祛风解毒之效。

# 金荞麦

## 蓼科（Polygonaceae） 荞麦属（*Fagopyrum*）

[学　　名] *Fagopyrum dibotrys*（D. Don）Hara

[别　　名] 天荞麦、野荞麦、苦荞头

[形态特征] 多年生草本。根状茎木质化，黑褐色。茎直立，高 0.5～1 米，分枝，具纵棱。叶三角形，长 4～12 厘米，宽 3～11 厘米，顶端渐尖，基部近戟形，两面具乳头状突起；叶柄长达 10 厘米；托叶鞘长 0.5～1 厘米，无缘毛。花序伞房状，顶生或腋生；苞片卵状披针形，边缘膜质；花被 5 深裂，白色，雄蕊 8 枚，花柱 3 根。瘦果宽卵形，具 3 锐棱，长 6～8 毫米，黑褐色，无光泽，超出宿存花被 2～3 倍。花果期 7～10 月。

[生境分布] 生于山谷湿地、山坡灌丛。分布于陕西及华东、华中、华南、西南等地区。

[食药价值] 嫩茎叶可食用，可清炒、凉拌，口感滑嫩，略带酸。块根供药用，清热解毒，活血散瘀，健脾利湿，用于治疗咽喉肿痛、肺脓疡。金荞麦对治疗癌症、糖尿病和高血脂有一定的作用。金荞麦含丰富的黄酮类化合物，具有独特的营养价值和医疗保健功能，营养学家将其誉为"21 世纪有前途的绿色食品"。

## 酸模

### 蓼科（Polygonaceae）　　　酸模属（*Rumex*）

[学　　名]　*Rumex acetosa* L.

[别　　名]　遏蓝菜、酸溜溜

[形态特征]　多年生草本，高 0.4～1 米。根为须根。基生叶及茎下部叶箭形，长 3～12 厘米，宽 2～4 厘米，先端尖或圆钝，基部裂片尖，全缘或微波状，叶柄长 2～10 厘米；茎上部叶较小，近无柄。雌雄异株；窄圆锥状花序顶生，花梗（花柄）中部具关节；雄花外花被片椭圆形，内花被片宽椭圆形，长约 3 毫米；雌花外花被片椭圆形，果时反折，内花被片果时增大，近圆形，直径达 4 毫米，基部心形，网脉明显，基部具小瘤。瘦果椭圆形，具 3 锐棱，长约 2 毫米，黑褐色，有光泽。花果期 5～8 月。

[生境分布]　生于山坡、林缘、沟边及路旁。分布于南北各地。

[食药价值]　嫩茎叶作蔬菜。全草入药，治皮肤病。

## 羊蹄

### 蓼科（Polygonaceae）　　　酸模属（*Rumex*）

[学　　名]　*Rumex japonicus* Houtt.

[别　　名]　土大黄、牛舌头

[形态特征]　多年生草本，高 0.5～1 米。茎直立，上部分枝，具沟槽；基生叶长圆形或披针状长圆形，长 8～25 厘米，宽 3～10 厘米，顶端稍钝，基部心形，边缘波状，茎生叶狭长圆形；叶柄长 2～12 厘米；托叶鞘筒状，膜质，易破裂。花序圆锥状，花两性，花被片 6 片，分 2 轮，内轮花被片果时增大，卵状心形，边缘有不整齐的小齿，全部具小瘤；雄蕊 6 枚，柱头 3 根。瘦果宽卵形，有 3 棱，黑褐色，有光泽。花果期 5～7 月。

[生境分布]　生于田边、路旁和沟边湿地。分布于四川、陕西、贵州及东北、华北、华东、中南等地区。

[食药价值]　嫩叶可食。根入药，清热凉血、杀虫润肠。

　　同属植物皱叶酸模（*R.crispus*），别名土大黄。基生叶披针形或狭披针形；花两性。瘦果卵形。嫩茎叶可食。

# 油茶

## 山茶科（Theaceae）　　　　山茶属（*Camellia*）

[学　　名]　*Camellia oleifera* Abel.

[别　　名]　野油茶、山油茶

[形态特征]　常绿小乔木或灌木状。叶革质，椭圆形或倒卵形，先端钝尖，基部楔形，长5～7厘米，宽2～4厘米，边缘具细齿。花顶生，苞片及萼片约10，革质，宽卵形；花瓣白色，5～7片，倒卵形，先端凹缺或2裂；雄蕊花丝近离生，或具短花丝筒；花柱顶端3裂，蒴果球形或卵圆形，直径2～4厘米，3室或1室，3片或2片裂开，每室有种子1～2粒。花期冬春间。

　　春天，茶树换新叶时雨水特别多，受一种真菌刺激，新叶或幼果异常生长，发生变态。叶长得白嫩晶亮，厚厚的，为茶片（茶耳）；幼果能长至拳头大小，形状似桃，未成熟时皮绿色或暗红，成熟后表皮脱落，色白，中空，为茶泡（茶苞）。

[生境分布]　生于平原、丘陵及山地。长江流域至华南各地广泛栽培。

[食药价值]　茶泡、茶片可食，味甜、松脆、爽口；种子榨油，供食用。根皮、茶饼入药，清热解毒，活血散瘀。

# 中华猕猴桃

## 猕猴桃科（Actinidiaceae）　　　　猕猴桃属（*Actinidia*）

[学　　名]　*Actinidia chinensis* Planch.

[别　　名]　猕猴桃、羊桃、阳桃、奇异果

[形态特征]　大型落叶藤本。幼枝及叶柄密生灰棕色柔毛，老枝无毛；髓白色至淡褐色，片层状。叶纸质，倒卵形或卵圆形至近圆形，长6～17厘米，宽7～15厘米，顶端突尖、微凹或平截，边缘有刺毛状齿，上面仅叶脉有疏毛，下面密生灰棕色星状绒毛，侧脉5～8对；叶柄长3～10厘米。聚伞花序1～3朵花；花初放时白色，后变黄色；花被5数，萼片及花梗（花柄）有淡棕色绒毛；雄蕊多数。浆果黄褐色，近球形、圆柱形或椭圆形，长4～6厘米，密生棕色长毛。花果期4～9月。

[生境分布]　生于林内或灌丛中。广布于长江流域以南地区，北至河南、西北等地。世界猕猴桃原产地在湖北宜昌市夷陵区雾渡河镇，如今深受人们追捧的新西兰国果——猕猴桃，就是1904年从雾渡河引种的。陕西周至县和眉县、河南西峡县和湖北赤壁市为"中国猕猴桃之乡"。

[食药价值]　果实富含维生素C，被誉为"水果之王"。可生食，制果酱、果脯和酿酒；花可提取香精。根、藤和叶药用，清热利水，散瘀止血。

## 甜麻

### 锦葵科（Malvaceae）　　黄麻属（*Corchorus*，原椴树科）

[学　　名]　*Corchorus aestuans* L.

[别　　名]　假黄麻、针筒草

[形态特征]　一年生草本，高约 1 米。茎红褐色，稍被淡黄色柔毛；分枝细长。叶卵形或宽卵形，长 4.5～6.5 厘米，宽 3～4 厘米，两面疏被长毛，边缘有锯齿，基出脉 5～7 条；叶柄长 0.9～1.6 厘米。花单生或数朵组成聚伞花序生于叶腋或腋外，总花梗（花序梗、花序轴）及花梗（花柄）均极短；花黄色，小，萼片 5～4 片，船形，长 5 毫米；花瓣 5～4 片，与萼片近等长，倒卵形；雄蕊多数；子房长圆柱形，柱头 5 裂。蒴果长筒形，长约 2.5 厘米，具 6 条纵棱，其中 3～4 棱呈翅状，顶端有 3～4 条向外延伸的角，角二叉，成熟时裂成 3～4 瓣，果瓣有横隔；种子多数。花期夏季。

[生境分布]　生于荒地、溪边或村旁。分布于长江以南地区。

[食药价值]　嫩叶炒食、做菜汤；种子有一定毒性。全草入药，有清热、解暑之效。

## 梧桐

### 锦葵科（Malvaceae）　　梧桐属（*Firmiana*，原梧桐科）

[学　　名]　*Firmiana simplex*（L.）W. Wight

[别　　名]　青桐、中国梧桐

[形态特征]　落叶乔木，高达 16 米；树皮青绿色，平滑。单叶互生，具长柄，叶心形，掌状 3～5 裂，直径 15～30 厘米，上面近无毛，下面有星状短柔毛。圆锥花序顶生，长约 20～50 厘米，被短绒毛；花单性；花淡黄绿色，无花瓣；萼管长约 2 毫米，裂片 5 片，条状披针形，向外卷曲，长 7～9 毫米，外面密生淡黄色短绒毛；雄花的雄蕊柱约与萼裂片等长，花药 15 个，生雄蕊柱顶端；雌花子房柄发达，心皮 5 枚，基部分离。蓇葖果膜质，成熟前裂成叶状，向外卷曲；每蓇葖果有种子 2～4 粒；种子圆球形，表面有皱纹。花果期 6～10 月。

[生境分布]　生于村边、路旁。原产我国，南北各省常栽培作行道树。

[食药价值]　种子炒食或榨油，也可磨粉做豆腐。叶、花、根和种子入药，有清热解毒、去湿健脾的功效。

# 野葵

## 锦葵科（Malvaceae）　　　锦葵属（*Malva*）

[学　　名]　*Malva verticillata* L.

[别　　名]　冬苋菜、棋盘菜

[形态特征]　二年生草本，高 0.5～1 米；茎直立，被星状长柔毛。叶互生，肾形或圆形，直径 5～11 厘米，掌状 5～7 浅裂，两面疏被糙伏毛或近无毛；叶柄长 2～8 厘米，托叶被星状柔毛。花小，淡白色至淡红色，3～多朵簇生于叶腋，近无柄；小苞片 3 片，线状披针形，有细毛；萼杯状，5 齿裂；花瓣 5 片，倒卵形，顶端凹入；子房 10～11 室。果扁圆形，分果爿 10～11 个；种子肾形，紫褐色。花期 3～11 月。

[生境分布]　常生于平原旷野、村旁和路边。广布于全国各地。

[食药价值]　嫩苗供蔬食。全草药用，可治咽喉肿痛。

　　变种冬葵（*Malva verticillata* var. *crispa*），别名葵菜、冬寒菜。一年生草本。叶圆形，常 5～7 裂或角裂，直径约 5～8 厘米，边缘极皱缩扭曲。花白色，单生或几朵簇生于叶腋。花期 6～9 月。嫩苗作蔬菜。

# 木槿

## 锦葵科（Malvaceae）　　　木槿属（*Hibiscus*）

[学　　名]　*Hibiscus syriacus* L.

[别　　名]　朝开暮落花、鸡肉花

[形态特征]　落叶灌木，高 3～4 米。小枝密被黄色星状绒毛；叶菱形或三角状卵形，长 3～10 厘米，宽 2～4 厘米，具深浅不同的 3 裂或不裂，先端钝，基部楔形，具不整齐缺齿，基脉 3；叶柄长 0.5～2.5 厘米。花单生枝端叶腋，花萼钟形，裂片 5 片，三角形；花冠钟形，淡紫、白、红等色；雄蕊柱（花丝连合成雄蕊管）长约 3 厘米；花柱分枝 5 根。蒴果卵圆形，直径约 1.2 厘米，密生星状绒毛。种子肾形。花期 7～10 月。

[生境分布]　生于山野、丘陵、路旁、沟边或灌丛中。原产我国中部各省，各地栽培。

[食药价值]　白花木槿的花常作蔬菜。全株入药，有清热、凉血、利尿之效，治皮肤癣疮。

　　变型白花重瓣木槿（*Hibiscus syriacus* f. *albus-plenus*），花白色，重瓣，直径 6～10 厘米。花可蔬食，别有风味。

## 紫花地丁

### 堇菜科（Violaceae）　　堇菜属（*Viola*）

[学　　名]　*Viola philippica* Cav.
[别　　名]　光瓣堇菜、辽堇菜、野堇菜
[形态特征]　多年生草本，无地上茎，高4～14厘米。根状茎短，垂直，淡褐色。叶基生，狭披针形或卵状披针形，长1.5～4厘米，宽0.5～1厘米，顶端圆钝，基部截形或稍呈心形，边缘具浅圆齿，两面无毛或被细短毛，果期叶片增大，长可达10余厘米，宽可达4厘米；托叶膜质，离生部分线状披针形，边缘疏生具腺体的流苏状细齿或近全缘。花两侧对称，具长梗；萼片5片，卵状披针形，基部附器矩形或半圆形；花瓣紫堇色或淡紫色，稀白色，喉部色较淡并带有紫色条纹；距细管状，直或稍上弯。蒴果长圆形，长0.5～1.2厘米；种子卵球形，淡黄色。花果期4～9月。

[生境分布]　生于田间、荒地、山坡草丛或灌丛中。分布于全国大部分地区。
[食药价值]　嫩叶作野菜。全草供药用，能清热解毒、凉血消肿。
　　同属植物早开堇菜（*V.prionantha*），叶在花期长圆状卵形、卵状披针形或窄卵形，基部微心形、平截或宽楔形，稍下延，果期叶增大，呈三角状卵形，基部常宽心形。距粗管状，末端微向上弯。蒴果长椭圆形。可食用。

## 鸡腿堇菜

### 堇菜科（Violaceae）　　堇菜属（*Viola*）

[学　　名]　*Viola acuminata* Ledeb.
[别　　名]　红铧头草、鸡腿菜
[形态特征]　多年生草本。根状茎较粗，密生多条淡褐色根。茎直立，常2～4条丛生，高10～40厘米，无毛或上部被白色柔毛。叶片心形或卵形，长1.5～5.5厘米，宽1.5～4.5厘米，先端锐尖至长渐尖，基部通常心形，边缘有钝锯齿，两面密生褐色腺点，脉上有疏短柔毛；托叶草质，叶状，边缘有撕裂状长齿，顶尾尖，有白柔毛和褐色腺点。花两侧对称，具长梗；萼片5片，条形或条状披针形，基部附器截形；花瓣5片，花淡紫色或近白色，距通常直，长1.5～3.5毫米，囊状。蒴果椭圆形，长约1厘米，无毛。花果期5～9月。

[生境分布]　生于林下、林缘、山坡草地或溪谷湿地等处。分布于东北、华北和华东等地区。
[食药价值]　嫩叶作野菜。全草药用，能清热解毒、排脓消肿。

## 如意草

### 董菜科（*Violaceae*）　　　董菜属（*Viola*）

[学　名]　*Viola arcuata* Bl.

[别　名]　董菜、董董菜、葡董菜、弧茎董菜

[形态特征]　多年生草本，高5～20厘米。根状茎粗短，节较密，密生多条须根。地上茎通常数条丛生，平滑无毛。基生叶多，具长柄，宽心形或肾形，长1.5～3厘米，宽1.5～3.5厘米，先端圆或微尖，边缘有浅波状圆齿，两面近无毛；茎生叶少，疏列；叶柄长1.5～7厘米；托叶披针形或条状披针形，具疏锯齿。花小，生于茎生叶的叶腋，两侧对称，具长梗；萼片5片，披针形，基部附器半圆形；花瓣5片，白色或淡紫色，距长1.5～2毫米，囊状。蒴果长圆形或椭圆形，无毛。花果期5～10月。

[生境分布]　生于溪谷潮湿地、草坡、灌丛林缘和宅旁。分布于云南、贵州、四川及东北、华东、中南等地区。

[食药价值]　嫩苗、嫩叶食用。全草供药用，治刀伤、肿毒等症。

## 绞股蓝

### 葫芦科（*Cucurbitaceae*）　　　绞股蓝属（*Gynostemma*）

[学　名]　*Gynostemma pentaphyllum*（Thunb.）Makino

[别　名]　七叶胆、小苦药、公罗锅底

[形态特征]　多年生草质攀缘藤本。茎细弱，分枝，具纵棱及槽，无毛或疏被短柔毛。叶膜质或纸质，鸟足状，具3～9小叶，通常5～7小叶，小叶卵状长圆形或披针形，中央小叶具波状齿或圆齿状牙齿，小叶柄略叉开，卷须2分叉，稀单一。雌雄异株，圆锥花序，雄花序较大，具钻状小苞片，花萼5裂，裂片三角形，花冠淡绿或白色，5深裂；雄花雄蕊5枚，花丝短而合生，雌花具退化雄蕊5枚。果球形，肉质不裂，成熟后黑色，光滑无毛。种子2粒，卵状心形，压扁。花果期3～12月。

[生境分布]　生于山谷、山坡林下或灌丛中。分布于陕西南部和长江以南地区。陕西平利县是绞股蓝的自然分布分化中心，有"绞股蓝故乡"之称。

[食药价值]　嫩枝叶代茶。全草药用，含甾醇、皂苷等成分，被誉为"南方人参"。具有降血脂、降血糖、抗癌及抗疲劳等功效。

## 木鳖子

### 葫芦科（Cucurbitaceae）    苦瓜属（*Momordica*）

[学　　名]    *Momordica cochinchinensis*（Lour.）Spreng.
[别　　名]    番木鳖、老鼠拉冬瓜、糯饭果
[形态特征]    多年生草质藤本，长达15米，具块状根；全株近无毛。叶柄长5～10厘米，基部或中部有2～4个腺体；叶卵状心形或宽卵状圆形，长、宽均10～20厘米，3～5裂或不裂。卷须不分叉。雌雄异株；雄花单生叶腋或3～4朵成短总状花序；花梗（花柄）顶端生兜状苞片，长3～5厘米，宽5～8厘米；花萼裂片宽披针形，花冠黄色，裂片卵状长圆形，长5～6厘米，基部有黄色腺体，并有黑斑；雄蕊3枚。雌花单生；花梗近中部生一苞片；子房密生刺毛。瓠果卵形，长12～15厘米，熟时红色，肉质，密生刺突。种子多数，卵形或方形，龟板状，干后黑褐色。花果期6～10月。

[生境分布]    常生于山沟、林缘和路旁。分布于云南、贵州、四川及华东、中南等地区。
[食药价值]    果肉食用，富含胡萝卜素、维生素及亚油酸等。种子入药，有消肿散结、解毒、追风止痛的功效。

## 栝楼

### 葫芦科（Cucurbitaceae）    栝楼属（*Trichosanthes*）

[学　　名]    *Trichosanthes kirilowii* Maxim.
[别　　名]    瓜楼、瓜蒌、药瓜
[形态特征]    多年生草质攀缘藤本，长达10米；块根圆柱状，淡黄褐色。叶片纸质，近圆形，长宽均约5～20厘米，常3～7浅裂或中裂；叶柄长3～10厘米；卷须3～7分叉。雌雄异株；雄总状花序单生，或与一单花并生，苞片倒卵形，长1.5～3厘米，边缘有齿，花萼筒状，长2～4厘米，花萼裂片披针形，全缘；花冠白色，裂片倒卵形，顶端流苏状；雄蕊3枚，花丝短，有毛，花药靠合；雌花单生，子房椭圆形，花柱3裂。果实近球形，黄褐色，光滑，具多数种子；种子卵状椭圆形，压扁。花果期5～10月。

[生境分布]    生于山坡林下、灌丛、草地和村旁。分布于我国北部至长江流域各省。浙江长兴县为"中国栝楼（吊瓜）之乡"。安徽潜山市享有"中国瓜蒌原产地"和"中国瓜蒌之乡"的美誉。
[食药价值]    栝楼子是大众喜欢的绿色天然休闲食品（即吊瓜子）。根（中药称天花粉）、果皮和种子药用，有解热止渴、利尿、镇咳祛痰等功效。

## 旱柳

### 杨柳科（Salicaceae）　　柳属（*Salix*）

[学　　名]　*Salix matsudana* Koidz.

[别　　名]　河柳、柳树

[形态特征]　落叶乔木，高达 18 米。树皮暗灰黑色，有裂沟。小枝直立或开展，浅褐黄色或带绿色，后变褐色。叶披针形，长 5～10 厘米，宽 1～1.5 厘米，边缘有细腺锯齿，上面绿色，有光泽，下面苍白，幼叶有丝状柔毛；叶柄长 5～8 毫米，被柔毛；托叶披针形或缺。花序与叶同时开放；总花梗（花序梗、花序轴）及其附着的叶均有毛；苞片卵形，外被柔毛；腺体 2 个；雄花序长 1.5～3 厘米；雄蕊 2 枚，花丝基部有疏柔毛；雌花序长 2 厘米；子房长椭圆形，花柱很短。蒴果 2 瓣裂开。花果期 4～5 月。

[生境分布]　生于河岸及高原。分布于安徽、江苏、四川及东北、华北、西北、华中等地区。

[食药价值]　旱柳和垂柳的嫩芽均可食用。芽及枝叶有清热除湿、消肿止痛的功效。主治急性膀胱炎、小便不利、疮毒及牙痛。

同属植物垂柳（*S.babylonica*）枝条细弱下垂。叶狭披针形，雌花腺体 1 个。多栽于水边或公园。

## 羊角菜

### 白花菜科（Cleomaceae）　　白花菜属（*Gynandropsis*，原山柑科）

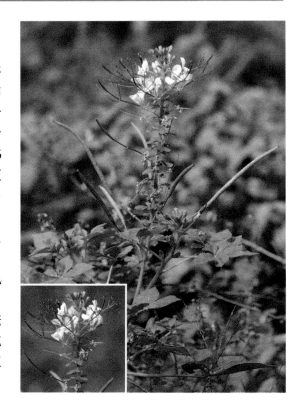

[学　　名]　*Gynandropsis gynandra*（L.）Briq.

[别　　名]　白花菜、白花草

[形态特征]　一年生草本，高达 1 米，有臭味。茎直立，多分枝，密生腺毛，老时无毛。掌状复叶；小叶 3～7 片，倒卵形或菱形，先端渐尖或圆钝，边缘有细齿或腺纤毛，中央小叶最大，长 1～5 厘米，宽 0.8～1.6 厘米。总状花序顶生；苞片叶状，3 裂；花白色，稀淡黄或淡紫色，直径约 6 毫米；雄蕊 6 枚，不等长；雌雄蕊柄长 0.5～2.2 厘米；子房线柱形；花柱短或无。蒴果圆柱形，长 3～8 厘米，无毛，有纵条纹；种子扁球形，宽 1.1～1.7 毫米，黑褐色，有皱纹。花果期 7～10 月。

[生境分布]　生于村边、路旁、荒地或田野。分布于河北、安徽、江苏、台湾、云南、贵州及中南等地区。

[食药价值]　茎叶可腌食。全草药用，能散寒止痛，主治风湿性关节炎。

安陆白花菜——湖北安陆市特产。安陆人有将白花菜腌制食用的习惯。吃法有白花菜炒肉丝、白花菜炒鸡蛋、白花菜炖鱼头、白花菜炒饭等。用白花菜作火锅配菜，更加爽口，别有一番风味。

## 腊菜

### 十字花科（Brassicaceae）　芸苔属（Brassica）

[学　　名]　*Brassica* sp.

[别　　名]　野腊菜、冲菜

[形态特征]　腊菜类似芥菜（*B.juncea*）。一年生草本，高 0.3～1.5 米。茎直立，分枝；常无毛，有时幼茎及叶具刺毛，带粉霜，有辣味。基生叶宽卵形至倒卵形，长 15～35 厘米，宽 5～17 厘米，大头羽裂，具 2～3 对裂片，裂片向下渐小，边缘有缺刻；叶柄有小裂片，老茎及叶柄多带紫色；茎下部叶较小，边缘有缺刻；上部叶窄披针形，具疏齿或全缘。总状花序顶生；花淡黄色。长角果线形，长 3～5.5 厘米，宽 2～3.5 毫米；喙长 0.6～1.2 厘米；果梗长 0.5～1.5 厘米；种子球形，直径 1 毫米，紫褐色。花果期 3～6 月。

[生境分布]　生于山坡、田边、圩岸和路旁。主要分布于湖南、湖北及河南等省。

[食药价值]　茎叶腌制，堪称咸菜珍品。种子及全草入药，能化痰平喘、消肿止痛。

## 诸葛菜

### 十字花科（Brassicaceae）　诸葛菜属（Orychophragmus）

[学　　名]　*Orychophragmus violaceus*（L.）O. E. Schulz

[别　　名]　二月兰、二月蓝

[形态特征]　一至二年生草本，高 10～50 厘米，无毛，有粉霜。基生叶和下部叶具柄，大头羽状分裂，长 3～7 厘米，宽 2～3.5 厘米，顶生裂片肾形或三角状卵形，基部心形，具钝齿，侧生裂片 2～6 对，歪卵形；中部叶具卵形顶生裂片，抱茎；上部叶长圆形，不裂，基部两侧耳状，抱茎。总状花序顶生；花紫色、浅红或白色，直径 2～4 厘米。长角果线形，长 7～10 厘米，具 4 棱，喙长 1.5～2.5 厘米，裂瓣有中脉；种子 1 行，卵状长圆形，长约 2 毫米，黑褐色，有纵条纹。花果期 4～6 月。

[生境分布]　生于平原、山地、路旁或地边。分布于辽宁、河北、山西、湖北、河南、四川、陕西、甘肃、华东等地区。

[食药价值]　嫩茎叶作野菜，先用开水焯一下，再放冷水中浸泡，直至无苦味时即可炒食。种子含油量高达 50% 以上，特别是其亚油酸比例较高，对心血管病患者极为有利。

# 独行菜

## 十字花科（Brassicaceae）　独行菜属（*Lepidium*）

[学　　名]　*Lepidium apetalum* Willd.
[别　　名]　腺茎独行菜、辣辣菜
[形态特征]　一至二年生草本，高 5～30 厘米。茎直立，分枝，无毛或具微小头状毛。基生叶狭匙形，羽状浅裂或深裂，长 3～5 厘米，宽 1～1.5 厘米；叶柄长 1～2 厘米；上部叶条形，有疏齿或全缘。总状花序顶生，果时伸长；花极小；萼片早落；花瓣丝状，退化；雄蕊 2 或 4 枚。短角果近圆形或椭圆形，扁平，长约 3 毫米，先端微缺，上部有短翅；种子椭圆形，长约 1 毫米，平滑，棕红色。花果期 5～7 月。

[生境分布]　生于路旁、沟边。分布于东北、华北、西北、西南及江苏、安徽和河南等地区。
[食药价值]　嫩叶作野菜。全草及种子供药用，有利尿、止咳化痰的功效。

　　同属植物北美独行菜（*L.virginicum*），茎上部分枝，具柱状腺毛。基生叶倒披针形，羽状分裂或大头羽裂，裂片大小不等。花瓣白色，倒卵形，和萼片等长或稍长。福建三明地区将其作野菜。

　　菥蓂属菥蓂（*Thlaspi arvense*），别名遏蓝菜、败酱草、犁头草。一年生草本，高 9～60 厘米，无毛。茎直立，不分枝或分枝，具棱。基生叶倒卵状长圆形，长 3～5 厘米，宽 1～1.5 厘米，先端圆钝或急尖，基部抱茎，两侧箭形，边缘具疏齿；叶柄长 1～3 厘米。总状花序顶生；花白色，直径约 2 毫米。短角果倒卵形或近圆形，长 1.3～1.6 厘米，宽 0.9～1.3 厘米，扁平，顶端凹入，边缘有宽约 3 毫米的翅；每室种子 2～8 粒。花果期 3～6 月。嫩苗作野菜。种子或全草入药，有舒筋活络、利肝明目之效。

# 荠

## 十字花科（Brassicaceae）　荠属（*Capsella*）

[学　　名]　*Capsella bursa-pastoris*（L.）Medic.
[别　　名]　荠菜、地米菜
[形态特征]　一至二年生草本，高 7～50 厘米。基生叶丛生呈莲座状，大头羽状分裂，长达 12 厘米，宽达 2.5 厘米，顶裂片卵形至长圆形，侧裂片 3～8 对，长圆形至卵形；叶柄长 0.5～4 厘米；茎生叶窄披针形或披针形，基部箭形，抱茎，边缘有缺刻或锯齿。总状花序顶生及腋生，萼片长圆形，花瓣白色，卵形，有短爪。短角果倒三角形或倒心状三角形，长 5～8 毫米，宽 4～7 毫米，扁平，顶端微凹。种子 2 行，长椭圆形，长约 1 毫米，浅褐色。花果期 4～6 月。

[生境分布]　生于田边或路旁。分布几遍全国。
[食药价值]　嫩苗作蔬菜。可炒食、凉拌、做馅及菜羹等，风味独特。全草入药，有利尿、止血、清热明目和消积的功效。

　　相关视频请观看中央电视台科教频道（CCTV10）《健康之路》视频 2013 年第 20130528 期：《能治病的菜（七）》。

# 白花碎米荠

## 十字花科（Brassicaceae）　　碎米荠属（*Cardamine*）

[学　　名]　*Cardamine leucantha*（Tausch）O. E. Schulz

[别　　名]　山芥菜、白花石芥菜

[形态特征]　多年生草本，高 30～75 厘米。根状茎着生多数粗线状、长短不一的匍匐茎。茎直立，不分枝，有沟棱，密被短柔毛；羽状复叶；基生叶有长柄，小叶 2～3 对，顶生小叶卵形至长卵状披针形，长 3.5～5 厘米，宽 1～2 厘米，顶端渐尖，基部楔形，边缘有锯齿，下面幼时密生短硬毛，小叶柄长 0.5～1.3 厘米，侧生小叶几无柄；茎生叶通常有小叶 1～2 对。总状花序顶生，花后伸长；花梗（花柄）长约 6 毫米；花白色。长角果线形，长 1～2 厘米，宽约 1 毫米，花柱长约 5 毫米；果梗近直展，长 1～2 厘米；种子长圆形，长约 2 毫米，栗褐色。花果期 4～8 月。

[生境分布]　生于路边、林下、山坡或山谷阴湿处。分布于东北、华东、华中以及河北、山西、陕西、甘肃等地区。

[食药价值]　嫩苗可食；晒干代茶。全草及根状茎入药，能清热解毒、化痰止咳。

# 大叶碎米荠

## 十字花科（Brassicaceae）　　碎米荠属（*Cardamine*）

[学　　名]　*Cardamine macrophylla* Willd.

[别　　名]　华中碎米荠、半边菜、菜子七、普贤菜

[形态特征]　多年生草本，高 0.3～1 米；根状茎匍匐延伸，密被须根。茎直立，有时基部倾卧，不分枝或上部分枝，表面有沟棱。茎生叶

通常 4～5 枚，叶柄长 2.5～5 厘米；小叶 4～5 对，小叶片椭圆形或卵状披针形，长 4～9 厘米，宽 1～2.5 厘米，顶端钝或短渐尖，边缘有锯齿；叶有毛或无。总状花序多花，花梗（花柄）长 1～1.4 厘米；花淡紫或紫红色，少有白色。长角果扁平，长 3.5～4.5 厘米，宽 2～3 毫米；果梗直立，长 1～2.5 厘米；种子椭圆形，长约 3 毫米，褐色。花果期 5～8 月。

[生境分布]　生于高山灌木林下、沟边和石隙处。分布于华北、华东、华中、西南及陕西、甘肃、青海等地区。

[食药价值]　嫩苗可食。全草药用，有利小便、止痛的功效，可以治疗败血症。

马郎菜又称郎菜，是大别山区金寨县、罗田县等地山里人常食的一种野菜，其基源植物就是大叶碎米荠和白花碎米荠。每年的 4～6 月，当地人将幼嫩的马郎菜采回，开水煮 10 分钟左右，捞起放竹篮里置溪水中漂 1～2 小时后，即可炒食，或做成咸菜、干菜，味香爽口。

# 弯曲碎米荠

## 十字花科（Brassicaceae） 碎米荠属（*Cardamine*）

[学　　名] *Cardamine flexuosa* With.

[别　　名] 蔊菜、碎米荠

[形态特征] 一至二年生草本，高达30厘米。茎自基部多分枝，上部稍呈之字形弯曲，稍有柔毛。羽状复叶；基生叶有柄，小叶3～7对，后枯干；茎生叶有小叶3～5对，小叶多为长卵形或线形，1～3裂或全缘。总状花序多数，顶生；花小；萼片长椭圆形，长约2.5毫米；花瓣白色，倒卵状楔形，长约3.5毫米。长角果条形，长1.2～2厘米，与果序轴近于平行；果梗长3～6毫米，斜展；种子长圆形而扁，长约1毫米，黄绿色，顶端有极窄的翅。花果期3～6月。

[生境分布] 生于荒地、山野。分布于长江以南地区。

[食药价值] 嫩茎叶可食。全草入药，有清热利湿、健胃和止泻之效。

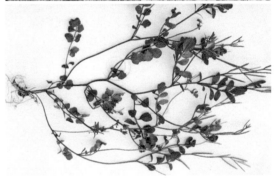

# 碎米荠

## 十字花科（Brassicaceae） 碎米荠属（*Cardamine*）

[学　　名] *Cardamine hirsuta* L.

[别　　名] 宝岛碎米荠、硬毛碎米荠、白带草、雀儿菜

[形态特征] 一年生草本，高15～35厘米。茎直立或斜生，分枝或不分枝，下部有时淡紫色，被较密柔毛。基生叶有柄，奇数羽状复叶，小叶2～5对，顶生小叶肾形或肾圆形，长0.4～1厘米，宽0.5～1.3厘米，有3～5圆齿，侧生小叶较小，歪斜；茎生叶小叶3～6对，狭倒卵形至条形；全部小叶两面稍有毛。总状花序生于枝顶；花小；花瓣白色，长3～5毫米；雄蕊4～6枚。长角果条形，长达3厘米；果梗纤细，长0.4～1.2厘米；种子椭圆形，褐色。花果期2～6月。

[生境分布] 生于草坡或路旁。分布几遍全国。

[食药价值] 嫩茎叶作野菜。全草药用，能清热去湿。

## 水田碎米荠

### 十字花科（**Brassicaceae**）　　碎米荠属（*Cardamine*）

[学　　名]　*Cardamine lyrata* Bunge

[别　　名]　水田荠、小水田荠、苹果草

[形态特征]　多年生草本，高 30～70 厘米，全体无毛。茎直立，不分枝，有棱角。生于匍匐茎上的叶为单叶，心形或圆肾形，边缘具波状圆齿或近于全缘，有柄；茎生叶近无柄，羽状复叶，小叶 2～9 对，顶生小叶大，圆形或卵形，长 1.2～2.5 厘米，宽 0.7～2.3 厘米，侧生小叶较小，卵形或菱状卵形，最下部 1 对小叶全缘，向下弯曲成耳状抱茎。总状花序顶生；花瓣白色，长约 8 毫米。长角果线形，长 2～3厘米，宽 2 毫米；果梗长 1.2～2.2 厘米；种子椭圆形，长约 1.6 毫米，褐色，有宽翅。花果期 4～7 月。

[生境分布]　生于水田边、溪边及浅水处。分布于东北、华北、华东和中南地区。

[食药价值]　嫩茎叶作野菜。入药有清热去湿之效。

## 豆瓣菜

### 十字花科（**Brassicaceae**）　　豆瓣菜属（*Nasturtium*）

[学　　名]　*Nasturtium officinale* R. Br.

[别　　名]　西洋菜、水蔊菜、水生菜、水田芥

[形态特征]　多年生水生草本，高 20～40 厘米，全体光滑无毛。茎匍匐或漂浮，多分枝，节节生根。奇数羽状复叶，小叶 1～4 对，叶柄长 1～2 厘米，小叶片宽卵形、长圆形或近圆形，顶生小叶长 2～3 厘米，宽 1.5～2.5 厘米，近全缘或呈浅波状，侧生小叶与顶生的相似。总状花序顶生，花多数；萼片长卵形，边缘膜质；花瓣白色，直径 3 毫米。长角果圆柱形，扁平，长 1.5～2 厘米，宽 1.5～2 毫米，有短喙；果梗纤细；种子多数，卵形，红褐色，表面具网纹。花果期 4～7 月。

[生境分布]　喜生于沟边、沼泽地或水田中，栽培或野生。分布于陕西、河南、江苏及西南、华北等地区。

[食药价值]　嫩茎叶作蔬菜。全草入药，有清血、解热和镇痛之效。能清心润肺，是治疗肺结核的理想食物。

## 蔊菜

### 十字花科（Brassicaceae）　　蔊菜属（Rorippa）

[学　　名]　*Rorippa indica*（L.）Hiern

[别　　名]　印度蔊菜、塘葛菜

[形态特征]　一至二年生直立草本，高20～40厘米。植株无毛或具疏毛。茎单一或近基部分枝，表面具纵沟。叶互生，基生叶及茎下部叶具长柄，叶形多变化，通常大头羽状分裂，长4～10厘米，宽1.5～2.5厘米，顶端裂片大，卵状披针形，边缘具不整齐牙齿，侧裂片1～5对，向下渐缩小；上部叶无柄，宽披针形或匙形。总状花序顶生或侧生，花小，具细梗；萼片4片，卵状长圆形，花瓣4片，黄色，匙形，基部渐狭成短爪，与萼片近等长；四强雄蕊。长角果线状圆柱形，长1～2厘米，宽1～1.5毫米；种子多数，卵形，褐色。花果期4～8月。

[生境分布]　生于路旁、田边、园圃和墙角等较潮湿处。分布于华东、华中及云南、四川、陕西、甘肃等地区。

[食药价值]　嫩茎叶作野菜。全草入药，有清热解毒之效。

　　同属植物无瓣蔊菜（*R.dubia*），植株较柔弱，常呈铺散状分枝；无花瓣。广州蔊菜（*R.cantoniensis*），植株无毛；短角果圆柱形。沼生蔊菜（*R.palustris*），短角果椭圆形或近圆柱形，有时稍弯曲，果瓣肿胀。均可食用。

## 风花菜

### 十字花科（Brassicaceae）　　蔊菜属（Rorippa）

[学　　名]　*Rorippa globosa*（Turcz.）Hayek

[别　　名]　球果蔊菜、银条菜、圆果蔊菜

[形态特征]　一至二年生草本，高20～80厘米，植株被白色硬毛或近无毛。茎单一，基部木化，下部被白色长毛。茎下部叶具柄，上部叶无柄，叶片长圆形或倒卵状披针形，长5～15厘米，宽1～2.5厘米，先端渐尖，基部短耳状半抱茎，边缘具不整齐粗齿，两面被疏毛。总状花序顶生；花小，黄色，花梗（花柄）长4～5毫米；萼片、花瓣均为4片，雄蕊6枚。短角果近球形，直径约2毫米，无毛，顶端有短喙；果梗长4～6毫米；种子多数，细小，扁卵形，淡褐色，一端微凹。花果期4～9月。

[生境分布]　生于河岸、路旁、沟边或草丛中。分布于东北、华北、华东和中南地区。

[食药价值]　幼苗、嫩茎叶作野菜，可炒食、凉拌、做馅等。全草入药，有清热解毒、活血通经之效。治疗黄疸、咽痛、水肿和疮肿；外用治疗烧伤。

# 播娘蒿

## 十字花科（Brassicaceae）　　播娘蒿属（Descurainia）

[学　　名]　*Descurainia sophia*（L.）Webb ex Prantl

[别　　名]　米米蒿、麦蒿

[形态特征]　一年生草本，高20～80厘米，有叉状毛。茎直立，多分枝。叶长2～15厘米，三回羽状深裂，末回裂片条形或长圆形，裂片长0.2～1厘米，宽0.8～2毫米，下部叶有柄，上部叶无柄。花序伞房状；萼片4片，条形，早落；花瓣4片，淡黄色。长角果窄条形，长2.5～3厘米，宽约1毫米，无毛；果梗长1～2厘米；种子多数，长圆形，长约1毫米，褐色，有细网纹。花期4～5月。

[生境分布]　生于山坡、田野。除华南外，其他地区均有分布。

[食药价值]　幼苗、嫩茎叶可食；种子含油达40%，食用。种子药用，有利尿消肿、祛痰定喘之效。

# 杜鹃

## 杜鹃花科（Ericaceae）　　杜鹃花属（Rhododendron）

[学　　名]　*Rhododendron simsii* Planch.

[别　　名]　映山红、杜鹃花、山石榴

[形态特征]　落叶灌木，高2～5米。分枝多，全体密被亮棕褐色扁平糙伏毛。叶革质，常集生枝端，卵形或倒卵形，长1.5～5厘米，宽0.5～3厘米，顶端短渐尖，基部楔形，边缘具细齿；叶柄长2～6毫米。花2～6朵簇生枝顶；花萼5深裂；花冠漏斗状，玫瑰色、鲜红或深红色，5裂，裂片上部有深红色斑点；雄蕊10枚，与花冠等长；子房10室，花柱伸出花冠外。蒴果卵圆形，长达1厘米，花萼宿存。花果期4～8月。有许多变种。

[生境分布]　生于丘陵地疏灌丛中。广布于长江流域地区，为典型的酸性土指示植物。

[食药价值]　花味酸，可生食；制花茶。全株药用，行气活血、补虚，治疗内伤咳嗽、肾虚耳聋、月经不调及风湿等疾病。

同属植物羊踯躅（*R.molle*），别名黄杜鹃、闹羊花。花冠黄色或金黄色。著名的有毒植物。

# 南烛

## 杜鹃花科（Ericaceae）　　越橘属（*Vaccinium*）

[学　　名]　*Vaccinium bracteatum* Thunb.

[别　　名]　乌饭树、乌饭叶

[形态特征]　常绿灌木或小乔木，高2～9米。分枝多，幼枝被短柔毛或无毛。叶革质，椭圆形至披针形，长4～9厘米，宽2～4厘米，顶端急尖、渐尖，基部宽楔形，边缘有细齿，上面有光泽，侧脉5～7对；叶柄长2～8毫米。总状花序顶生和腋生，长4～10厘米，花序轴密被短柔毛；苞片大，宿存，长0.5～2厘米；花梗（花柄）短；花萼5浅裂，裂片三角形，被柔毛；花冠白色，通常下垂，筒状卵形，长5～7毫米，5浅裂，有细柔毛；雄蕊10枚；子房下位。浆果球形，直径5～8毫米，成熟时紫黑色。花果期6～10月。

[生境分布]　常生于马尾松林内、山坡路旁、沟边及灌丛中。广布于长江以南地区。

[食药价值]　果实味甜，可生食，也可熬糖、制果酱和酿酒等。果实入药，名"南烛子"，有强筋益气、固精的功效。

江南一带民间在寒食节（在清明前一天）有煮食乌饭的习俗，采摘南烛枝、叶渍汁浸米，煮成"乌饭"。

同属植物笃斯越橘（*V.uliginosum*），别名蓝莓。产东北大兴安岭、长白山。果实较大，酸甜，可酿酒、制果酱或饮料。详见《发现》栏目之《神奇的乌饭树》，http://v.youku.com/v_show/id_XNDQ1Mjk4NjI0.html。

## ■ 甜柿

**柿（树）科（Ebenaceae）　　柿属（*Diospyros*）**

[学　　名]　*Diospyros kaki* Thunb.

[别　　名]　罗田甜柿、湘西甜柿

[形态特征]　落叶乔木；树皮鳞片状开裂。叶椭圆状卵形或倒卵形，长 6～18 厘米，宽 3～9 厘米，基部宽楔形或近圆形，叶片下面淡绿色，有褐色柔毛；叶柄长 1～1.5 厘米，有毛。雌雄异株或同株，雄花成短聚伞花序，雌花单生叶腋；花萼 4 深裂，果熟时增大；花冠白色，4 裂，有毛；雌花中有退化雄蕊，子房上位。浆果卵圆形或扁球形，直径 3.5～8 厘米，橙黄色或鲜黄色，花萼宿存。花果期 5～10 月。品种很多，如罗田甜柿（Luotian-tianshi）、小果甜柿（Xiaoguo-tianshi）、湘西甜柿（Xiangxi-tianshi）等。

[生境分布]　罗田甜柿分布于湖北、河南和安徽交界的大别山区。湖南溆浦县亦盛产甜柿。湖北罗田县是"中国甜柿之乡"。

[食药价值]　果可鲜食；制柿饼、柿片；叶代茶。柿蒂、根及皮入药；柿霜治口疮、喉炎。

　　罗田甜柿是世界上唯一自然脱涩的甜柿品种，秋天成熟后，不需加工，可直接食用。罗田甜柿已有近千年的历史，比日本古老的甜柿品种"禅柿丸"（*Diospyros kaki* Thunb. Zenjimaru）（公元 1214 年被发现）还早 180 年。

## ■ 野柿

**柿（树）科（Ebenaceae）　　柿属（*Diospyros*）**

[学　　名]　*Diospyros kaki* var. *silvestris* Makino

[别　　名]　山柿、山油柿

[形态特征]　落叶乔木，高 10～27 米；小枝及叶柄常密被黄褐色柔毛。叶纸质，卵状椭圆形、倒卵形或近圆形，叶片下面多毛。雌雄异株或同株，雄花成聚伞花序，3～5 花，花冠钟状，黄白色；雌花单生叶腋。浆果较小，直径约 2～5 厘米。果成熟后黄或橙黄色，种子多数。花果期 5～11 月。

[生境分布]　生于林中或山坡灌丛中。分布于我国中部、华南及云南、江西和福建等地区。

[食药价值]　果脱涩后可食。保健功效同柿子，能止血润便，缓和痔疾肿痛，降血压。

# 君迁子

## 柿（树）科（Ebenaceae） 柿属（*Diospyros*）

[学 名] *Diospyros lotus* L.

[别 名] 黑枣、软枣

[形态特征] 落叶乔木，高达 30 米；树皮灰黑色或灰褐色，深裂或不规则的厚块状剥落；小枝褐色或棕色，嫩枝通常淡灰色，平滑或有短柔毛。叶近膜质，椭圆形至长圆形，长 5～13 厘米，宽 2.5～6 厘米，上面密生柔毛，后脱落，下面有毛或无；叶柄长 0.7～1.8 厘米。雌雄异株，雄花 1～3 朵簇生叶腋；花萼钟形，4 裂，稀 5 裂；花冠壶形，带红色或淡黄色，长约 4 毫米，4 裂；雄蕊 16 枚；雌花单生；子房 8 室；花柱 4 根。浆果球形，直径 1～2 厘米，成熟时蓝黑色，有白蜡层。花果期 5～11 月。

[生境分布] 生于山坡、山谷或林缘。分布于辽宁、河北、山东、陕西及中南、西南等地区。

[食药价值] 果可生食或酿酒、制醋。果实入药，有除痰、清热解毒、健胃的功效，用于治疗消渴。

# 矮桃

## 报春花科（Primulaceae） 珍珠菜属（*Lysimachia*）

[学 名] *Lysimachia clethroides* Duby

[别 名] 珍珠菜、红丝毛、阉鸡尾

[形态特征] 多年生草本，全株多少被黄褐色卷曲柔毛。根茎横走，淡红色。茎直立，高 0.4～1 米，不分枝。叶互生，长椭圆形或阔披针形，长 6～16 厘米，宽 2～5 厘米，先端渐尖，基部渐狭至叶柄，两面散生黑色粒状腺点。总状花序顶生，花密集，常转向一侧，后渐伸长，果时长 20～40 厘米；苞片线状钻形，比花梗（花柄）稍长；花梗长 4～6 毫米；花萼裂片宽披针形，边缘膜质；花冠白色，长 5～6 毫米，裂片倒卵形，顶端钝或稍凹；雄蕊稍短于花冠。蒴果球形，直径 2.5～3 毫米。花果期 5～10 月。

[生境分布] 生于路旁及荒山草丛中。分布于东北、华北及长江以南地区。

[食药价值] 嫩叶可食。全草入药，治疗水肿、小儿疳积、口鼻出血和蛇咬伤等。

## 费菜

景天科（Crassulaceae）　　费菜属（*Phedimus*，原景天属）

［学　　名］　*Phedimus aizoon*（L.）'t Hart
［别　　名］　土三七、四季还阳、景天三七
［形态特征］　多年生肉质草本。茎高 20～50 厘米，直立，无毛，不分枝。叶互生，长披针形至倒披针形，长 3.5～8 厘米，宽 1.2～2 厘米，先端渐尖，基部楔形，边缘有不整齐的锯齿，几无柄。聚伞花序，分枝平展；萼片 5 片，条形，不等长，长 3～5 毫米，先端钝；花瓣 5 片，黄色，椭圆状披针形，长 0.6～1 厘米；雄蕊 10 枚；心皮 5 枚，卵状长圆形，基部合生，腹面凸出。蓇葖果星芒状排列，长 7 毫米。种子椭圆形，长约 1 毫米。花果期 6～9 月。
［生境分布］　生于山地阴湿石上或草丛中。分布于西北、华北、东北至长江流域。
［食药价值］　是一种新兴的食药两用型优良蔬菜。全草药用，能安神、止血、化瘀，治吐血等。
　　费菜可凉拌、炒烹、做汤、榨汁等，其口感脆嫩润滑、风味独特，而且对心脑血管疾病有很好的治疗和保健作用，因此又被称为救心菜或养心菜。

## 垂盆草

景天科（Crassulaceae）　　景天属（*Sedum*）

［学　　名］　*Sedum sarmentosum* Bge.
［别　　名］　狗牙草、卧茎景天、野马齿苋
［形态特征］　多年生草本，长 10～25 厘米。不育枝和花枝细弱，匍匐，节上生根。3 叶轮生，叶倒披针形或长圆形，长 1.5～2.8 厘米，宽 3～7 毫米，先端近急尖，基部骤窄，有距。聚伞花序，有 3～5 分枝，花少，无梗；萼片 5 片，披针形或长圆形；花瓣 5 片，黄色，披针形或长圆形，先端短尖；雄蕊 10 枚，较花瓣短；心皮 5 枚，略叉开，花柱长。种子卵形，长 0.5 毫米。花果期 5～8 月。
［生境分布］　生于低山阳处或阴湿石上。分布于四川、贵州、陕西、甘肃及华中、华东、华北、东北等地区。
［食药价值］　嫩茎叶可食。全草药用，有清热解毒、消痈肿的功效。

## 华蔓茶藨子

茶藨子科（Grossulariaceae）　　茶藨子属（*Ribes*，原虎耳草科）

[学　　名]　*Ribes fasciculatum* var. *chinense* Maxim.

[别　　名]　华茶藨、大蔓茶藨

[形态特征]　灌木，高达1.5米或更高；老枝紫褐色，皮常剥落，小枝灰绿色。叶卵形，宽4～10厘米，基部截形或稍心形，3～5裂，裂片宽卵形，边缘锯齿粗钝。嫩枝、叶两面和花梗（花柄）均被较密柔毛。雌雄异株，花簇生；雄花4～9朵，

雌花2～4朵；花黄绿色，杯形，有香气；子房梨形，无毛。果实近球形，红褐色，萼筒宿存。花果期4～9月。

[生境分布]　生于山坡林下、林缘、竹林内或路边。分布于华东及陕西、甘肃、湖北、河南、辽宁等地区。

[食药价值]　茶藨子属植物具有较高的经济价值，果实富含各种维生素、糖类和有机酸等，可生食及制果酒、饮料、糖果和果酱等。如茶藨子的嫩叶、花可代茶。植株中所含的香豆素类化合物具有抗炎镇痛、抗菌及抗肿瘤等药理活性。根、叶、果实含黄酮类活性成分，具有软化血管、降血脂和降血压的功效。

　　同属植物欧洲醋栗（*R.reclinatum*），叶下部的节上具1～3枚粗刺，节间常有稀疏针状小刺。

## 白鹃梅

蔷薇科（Rosaceae）　　白鹃梅属（*Exochorda*）

[学　　名]　*Exochorda racemosa*（Lindl.）Rehd.

[别　　名]　金瓜果、珍珠菜、白花菜

[形态特征]　落叶灌木，高3～5米。全株无毛，小枝红褐色或褐色。叶片椭圆形至长圆倒卵形，长3.5～6.5厘米，宽1.5～3.5厘米，先端圆钝或急尖，稀有突尖，基部楔形，全缘，稀中部以上有钝锯齿；叶柄长0.5～1.5厘米，或近于无柄；无托叶。总状花序，有花6～10朵；花梗（花柄）长3～8毫米；花白色，直径2.5～3.5厘米；萼筒浅钟状，裂片宽三角形；花瓣倒卵形，基部有短爪；雄蕊15～20枚，3～4枚一束，着生在花盘边缘，与花瓣对生；心皮5枚，花柱分离。蒴果倒圆锥形，有5脊。花果期5～8月。

[生境分布]　喜生于山坡阴地。分布于河南、湖北、江西、江苏和浙江等省。

[食药价值]　花蕾和幼叶可食用，风味独特。具有益肝明目、提高人体免疫力和抗氧化等保健功能。根皮、树皮用于治疗腰骨酸痛。

## 火棘

### 蔷薇科（Rosaceae）　　火棘属（*Pyracantha*）

[学　　名]　*Pyracantha fortuneana*（Maxim.）Li

[别　　名]　红子、火把果、救军粮

[形态特征]　常绿灌木，高达3米。侧枝短，先端刺状；嫩枝外被锈色短柔毛，老枝暗褐色，无毛。叶片倒卵形或倒卵状长圆形，长1.5～6厘米，宽0.5～2厘米，先端圆钝或微凹，有时具短尖头，基部楔形，下延，边缘有圆钝锯齿，近基部全缘，两面无毛；叶柄短。复伞房花序；花白色，直径约1厘米；萼筒钟状，无毛，裂片三角卵形；花瓣圆形；雄蕊20枚；花柱5根，离生。梨果近球形，直径约5毫米，橘红或深红色。花果期3～11月。

[生境分布]　生于山地灌丛、河沟路旁。分布于陕西、江苏、浙江、福建及中南和西南地区。

[食药价值]　果实可生食或酿酒，磨粉可代食。果、根、叶入药，具有止泻、散瘀、消食、清热解毒及生津止渴等功效。

## 湖北山楂

### 蔷薇科（Rosaceae）　　山楂属（*Crataegus*）

[学　　名]　*Crataegus hupehensis* Sarg.

[别　　名]　大山枣、猴楂子、酸枣

[形态特征]　落叶乔木或灌木，高3～5米。小枝紫褐色，无毛，刺少或无。叶卵形至卵状长圆形，长4～9厘米，宽4～7厘米，先端短渐尖，基部宽楔形或近圆形，边缘有圆钝重锯齿，上半部有2～4对浅裂片，无毛或仅下面脉腋有髯毛；叶柄长3.5～5厘米，无毛。伞房花序，总花梗（花序梗、花序轴）和花梗（花柄）均无毛；花白色，直径约1厘米，萼筒钟状，外面无毛，裂片三角状卵形，全缘；花瓣卵形。梨果近球形，直径2.5厘米，深红色，有斑点，萼片宿存，小核5个。花果期5～9月。

[生境分布]　生于山坡灌木丛中。分布于华中及江西、江苏、浙江、四川、陕西等地区。

[食药价值]　果可食或做山楂糕、酿酒。在湖北、江西等地作山楂入药，有消积、化痰之效。

# 野山楂

## 蔷薇科（Rosaceae）　　山楂属（*Crataegus*）

[学　　名]　*Crataegus cuneata* Sieb. et Zucc.

[别　　名]　猴楂、毛枣子、山梨

[形态特征]　落叶灌木，高达 15 米。分枝密，常有细刺，刺长 5～8 毫米；小枝幼时有柔毛，后脱落。叶片宽倒卵形至倒卵状长圆形，长 2～6 厘米，宽 1～4.5 厘米，基部楔形，边缘有尖锐重锯齿，顶端常有 3 稀 5～7 浅裂片，下面初有疏柔毛，后脱落；叶柄有翅，长约 0.4～1.5 厘米。伞房花序，总花梗（花序梗、花序轴）和花梗（花柄）均有柔毛；花白色，直径约 1.5 厘米。梨果近球形或扁球形，直径 1～1.2 厘米，红色或黄色，常有宿存反折萼裂片，小核 4～5 个。花果期 5～11 月。

[生境分布]　生于山谷、山地灌丛中。分布于长江流域、华南及河南、云南、福建等地区。

[食药价值]　果可生食、酿酒或制果酱；嫩叶可代茶。果实药用，能健胃消积、收敛止血、散瘀止痛；茎叶煮汁可洗漆疮。

# 华中山楂

## 蔷薇科（Rosaceae）　　山楂属（*Crataegus*）

[学　　名]　*Crataegus wilsonii* Sarg.

[别　　名]　猴爪子、木猴梨

[形态特征]　落叶灌木，高约 7 米。刺粗壮，长 1～2.5 厘米；小枝幼时有白色柔毛，老时近无毛。叶片卵形或倒卵形，长 4～6.5 厘米，宽 3.5～5.5 厘米，先端急尖或圆钝，基部圆形或心形，边缘有锐锯齿，通常在中部以上有 3～5 对浅裂片；叶柄长 2～2.5 厘米，幼时有白色柔毛。伞房花序多花；总花梗（花序梗、花序轴）和花梗（花柄）均有白色绒毛；花白色，直径 1～1.5 厘米；萼筒钟状，外面常有白色绒毛，裂片卵形；花瓣近圆形。梨果椭圆形，直径 6～7 毫米，红色，无毛，萼裂片宿存；小核 1～3 个，两侧有深凹痕。花果期 5～9 月。

[生境分布]　生于山坡阴处密林中。分布于河南、湖北、四川、陕西、甘肃、云南等省。

[食药价值]　果实可食，但肉较少。可代山楂入药，助消化。

## ◤ 水榆花楸

### 蔷薇科（Rosaceae）　　　花楸属（*Sorbus*）

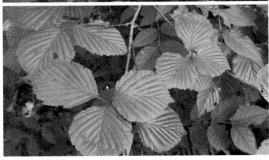

[学　　名]　*Sorbus alnifolia*（Sieb. et Zucc.）K. Koch

[别　　名]　水榆、黄山榆、花楸、千筋树

[形态特征]　落叶乔木，高达 20 米。小枝具灰白色皮孔，幼时微生柔毛，二年生枝暗红褐色。叶片卵形至椭圆卵形，长 5～10 厘米，宽 3～6 厘米，先端短渐尖，边缘有不整齐的尖锐重锯齿，有时微浅裂，两面无毛或微生短柔毛，侧脉 6～14 对；叶柄长 1.5～3 厘米。复伞房花序有花 6～25 朵，总花梗（花序梗、花序轴）和花梗（花柄）有稀疏柔毛；花梗长 0.6～1.2 厘米；花白色，直径 1～1.8 厘米。梨果椭圆形或卵形，直径 0.7～1 厘米，红色或黄色，萼裂片脱落后残留圆斑。花果期 5～9 月。

[生境分布]　生于山地混交林或灌木丛中。分布于东北、华北、华东、中南及四川、陕西、甘肃等地区。

[食药价值]　果食用、酿酒。果入药，具有养血补虚的功效。治血虚萎黄、劳倦乏力。

　　同属植物湖北花楸（*S.hupehensis*），奇数羽状复叶，小叶片 4～8 对。嫩叶可食；果食用，制果酱、果酒等。

## ◤ 杜梨

### 蔷薇科（Rosaceae）　　　梨属（*Pyrus*）

[学　　名]　*Pyrus betulifolia* Bge.

[别　　名]　棠梨、野梨子

[形态特征]　落叶乔木，高达 10 米。枝常具刺，幼枝密被灰白色绒毛。叶菱状卵形至长圆卵形，长 4～8 厘米，宽 2.5～3.5 厘米，边缘有粗尖齿，幼叶两面具绒毛，老叶仅背面有绒毛；叶柄长 2～3 厘米。伞形总状花序，有花 10～15 朵，总花梗（花序梗、花序轴）和花梗（花柄）均被灰白色绒毛，花梗长 2～2.5 厘米；花白色；雄蕊 20 枚，花药紫色，长约花瓣之半；花柱 2～3 根。梨果近球形，直径 0.5～1 厘米，褐色，有淡色斑点；基部具带绒毛果梗。花果期 4～9 月。

[生境分布]　生于平原或山坡阳处。分布于辽宁、河北及黄河流域至长江流域等地区。

[食药价值]　花可食用；果酿酒、制饮料或果酱。根、叶及果入药，有消食止泻之效。

# 豆梨

## 蔷薇科（Rosaceae）　梨属（*Pyrus*）

[学　　名]　*Pyrus calleryana* Decne.

[别　　名]　鹿梨、赤梨、梨丁子

[形态特征]　落叶乔木，高5～8米。小枝粗壮，褐色，幼时有绒毛。叶片宽卵形，稀长椭圆状卵形，长4～8厘米，宽3.5～6厘米，先端渐尖，稀短尖，基部圆形或宽楔形，边缘有圆钝锯齿，两面无毛；叶柄长2～4厘米。伞形总状花序，有花6～12朵，总花梗（花序梗、花序轴）和花梗（花柄）均无毛；花梗长1.5～3厘米；花白色；雄蕊20枚，稍短于花瓣；花柱2根，稀3根。梨果球形，直径约1厘米，黑褐色，有斑点；有细长果梗。花果期4～9月。

[生境分布]　生于山坡、平原或杂木林中。分布于华东、华中和华南地区。

[食药价值]　果实可食，亦能酿酒。根、叶及果入药，能健胃消食，止痢、止咳。

　　同属植物麻梨（*P.serrulata*），叶片卵形至长卵形，边缘有细锐锯齿；叶柄长3.5～7.5厘米。雄蕊约短于花瓣之半；花柱3根，稀4根。果实近球形或倒卵形。作用同豆梨。

# 湖北海棠

## 蔷薇科（Rosaceae）　苹果属（*Malus*）

[学　　名]　*Malus hupehensis*（Pamp.）Rehd.

[别　　名]　茶海棠、花红茶、野海棠、野花红

[形态特征]　落叶乔木，高达8米。小枝初有柔毛，后脱落，老枝紫褐色。叶卵形至卵状椭圆形，长5～10厘米，宽2.5～4厘米，边缘有细锐锯齿；叶柄长1～3厘米。伞房花序，有花4～6朵，花梗（花柄）长3～6厘米；花粉白或近白色，直径3.5～4厘米；萼裂片三角状卵形，与萼筒等长或稍短；花瓣倒卵形；雄蕊20枚；花柱3根，稀4根。梨果椭圆形或近球形，直径约1厘米，黄绿色，稍带红晕。花果期4～9月。

[生境分布]　生于山坡或山谷丛林中，分布于华中、华东及云南、贵州、四川、陕西等地区。常栽培作观赏树种。

[食药价值]　嫩叶晒干代茶；果可酿酒。叶、果药用，能消积食、和胃健脾。

## 野蔷薇

### 蔷薇科（Rosaceae）　　蔷薇属（*Rosa*）

[学　　名]　*Rosa multiflora* Thunb.

[别　　名]　多花蔷薇、刺花、墙靡（蘼）

[形态特征]　落叶攀缘灌木。小枝通常无毛，有皮刺。羽状复叶；小叶5～9片，有时3片，小叶倒卵形或卵形，长1.5～5厘米，宽0.8～2.8厘米，先端急尖或圆钝，基部近圆形或楔形，边缘具锐锯齿，下面有柔毛；小叶柄和叶轴常有腺毛；托叶篦齿状，大部贴生于叶柄，边缘有或无腺毛。伞房花序圆锥状，花多数；花梗（花柄）有腺毛；花白色，芳香，直径1.5～2厘米；花柱伸出花托口外，结合成束，无毛。蔷薇果近球形，直径6～8毫米，红褐色，有光泽。花果期5～7月。

[生境分布]　喜生于路旁、田边和丘陵地的灌木丛中。分布于华北、华东、中南及西南地区。

[食药价值]　嫩茎叶和花可食。花瓣可蒸制蔷薇花露，供饮用及药用。花、果及根为泻下剂和利尿药。

　　同属植物悬钩子蔷薇（*R.rubus*），别名荼子蘼。匍匐灌木；小枝常被柔毛，幼时较密，老时脱落。小叶常5片，近花序偶有3枚。果可酿酒、制果酱；鲜花可提取芳香油、制浸膏。

## 金樱子

### 蔷薇科（Rosaceae）　　蔷薇属（*Rosa*）

[学　　名]　*Rosa laevigata* Michx.

[别　　名]　刺梨子、山鸡头子

[形态特征]　常绿攀缘灌木，高达5米。小枝散生钩状皮刺，无毛。羽状复叶；小叶3片，稀5片，小叶片椭圆状卵形或披针状卵形，长2～6厘米，宽1.2～3.5厘米，先端急尖或渐尖，基部近圆形或宽楔形，边缘有锐锯齿，上面亮绿色，下面脉纹显著；小叶柄和叶轴具皮刺和腺毛；托叶披针形，早落。花单生于侧枝顶端，白色，直径5～7厘米；花梗（花柄）和萼筒外面均密生刺毛；雄蕊多数；心皮多数，花柱离生。蔷薇果梨形、倒卵形，紫褐色，多刺，萼裂片宿存。花果期4～11月。

[生境分布]　喜生于向阳山野、田边及溪旁灌丛中。分布于华东、中南地区。

[食药价值]　果实可熬糖、酿酒。根及果药用，有活血散瘀、收敛利尿、补肾和止咳等功效。

# 缫丝花

## 蔷薇科（Rosaceae）　　蔷薇属（*Rosa*）

[学　　名]　*Rosa roxburghii* Tratt.

[别　　名]　文光果、刺梨

[形态特征]　落叶灌木，高 1～2.5 米。树皮灰褐色，成片状剥落；小枝有基部稍扁而成对皮刺。羽状复叶；小叶 9～15，小叶片椭圆形或长圆形，长 1～2 厘米，宽 0.6～1.2 厘米，边缘有细锐锯齿，两面无毛，叶柄和叶轴疏生小皮刺。花 1～3 朵生于短枝顶端，萼片宽卵形，有羽裂，外面密被针刺；花瓣重瓣至半重瓣，淡红或粉红色，微香，倒卵形；雄蕊多数着生在杯状萼筒边缘；心皮多数，着生在花托底部；花柱离生，短于雄蕊。蔷薇果扁球形，直径 3～4 厘米，绿红色，外面密生针刺，宿萼直立。花果期 5～10 月。

[生境分布]　多生于溪沟、路旁和灌丛中。分布于华东、西南及湖北、湖南、陕西、甘肃等地区。贵州龙里县和六盘水市分别为"中国刺梨之乡""中国野生刺梨之乡"。

[食药价值]　果实富含维生素 C，可生食、制蜜饯或酿酒。叶泡茶能解热降暑。

# 龙芽草

## 蔷薇科（Rosaceae）　　龙芽草属（*Agrimonia*）

[学　　名]　*Agrimonia pilosa* Ldb.

[别　　名]　龙牙草、仙鹤草

[形态特征]　多年生草本，高 0.3～1.2 米。全株被疏柔毛。奇数羽状复叶，通常有小叶 3～4 对，稀 2 对，杂有小型叶，小叶倒卵形或倒卵披针形，长 1.5～5 厘米，宽 1～2.5 厘米，边缘有锯齿，下面有多数腺点；叶柄长 1～2 厘米，托叶镰形或卵状披针形。总状花序顶生，花梗（花柄）长 1～5 毫米；苞片细小，常 3 裂；花黄色，直径 6～9 毫米；萼筒外面有槽，裂片 5 片；花瓣 5 片；雄蕊 5～15 枚；心皮 2 枚。瘦果倒卵圆锥形，外面有 10 条肋，顶端有钩刺。花果期 5～12 月。

[生境分布]　生于山坡、路旁及草地。分布几遍全国。

[食药价值]　嫩茎叶作野菜。全草入药，为收敛止血药，并有强壮止泻等作用。也有仙鹤草治疗糖尿病的研究报道。

## 地榆

蔷薇科（Rosaceae）　　地榆属（*Sanguisorba*）

[学　　名]　*Sanguisorba officinalis* L.
[别　　名]　黄瓜香、山枣子
[形态特征]　多年生草本，高 0.3～1.2 米。根粗壮，表面棕褐色，有纵皱及横裂纹；茎直立，有棱，无毛。基生叶为羽状复叶；小叶 4～6 对，小叶片卵形或长圆状卵形，长 1～7 厘米，宽 0.5～3 厘米，先端圆钝或急尖，基部心形，边缘有圆而锐的锯齿，无毛；茎生叶较少；托叶抱茎，近镰刀状，有齿。花小密集，成顶生、圆柱形的穗状花序；苞片膜质，披针形；萼裂片 4 片，花瓣状，紫红色，基部有毛；无花瓣；雄蕊 4 枚；柱头顶端扩大，盘形，边缘具流苏状乳头。瘦果褐色，包藏在宿存萼筒内，有 4 棱。花果期 7～10 月。
[生境分布]　生于草原、山坡草地及灌丛中。分布于华北、中南和西南地区。
[食药价值]　嫩叶可食，又作代茶饮。根为收敛止血药，能清热凉血，外敷治烫伤。

## 高粱泡

蔷薇科（Rosaceae）　　悬钩子属（*Rubus*）

[学　　名]　*Rubus lambertianus* Ser.
[别　　名]　蓬蘽、冬菠、冬牛
[形态特征]　半落叶藤状灌木，高达 3 米。茎有棱，幼枝有微弯小皮刺。单叶，宽卵形，稀长圆状卵形，长 5～12 厘米，宽 4～8 厘米，先端渐尖，基部心形，两面疏生柔毛，中脉常疏生小皮刺，边缘 3～5 裂或呈波状，有细锯齿；叶柄长 2～5 厘米。圆锥花序顶生，生于枝上部叶腋的花序常近总状，有时仅数花簇生于叶腋；萼片卵状披针形，花瓣倒卵形，白色；雄蕊多数，花丝宽扁，雌蕊 15～20 枚。聚合果近球形，直径约 6～8 毫米，成熟时红色，核有皱纹。花果期 7～11 月。
[生境分布]　生于低海拔山坡、山谷或路旁灌丛。分布于华东、中南和云南等地区。
[食药价值]　果可食或酿酒。根、叶及种子药用，有清热散瘀、止血之效。

## 山莓

### 蔷薇科（Rosaceae）　　　悬钩子属（*Rubus*）

[学　　名]　*Rubus corchorifolius* L. f.
[别　　名]　四月泡、龙船泡、树莓
[形态特征]　落叶灌木，高1～3米。小枝红褐色，幼时被柔毛，具皮刺。单叶，卵形或卵状披针形，长5～12厘米，宽2.5～5厘米，边缘不裂或3浅裂，有不整齐重锯齿，上面脉上稍有柔毛，下面及叶柄有灰色绒毛，脉上散生钩状皮刺；叶柄长1～2厘米；托叶条形，贴生叶柄上。花单生或数朵聚生短枝上；花白色，直径约3厘米；萼裂片卵状披针形，密生灰白色柔毛。聚合果近球形，直径1～1.2厘米，红色。花果期2～6月。
[生境分布]　生于向阳山坡、溪边或灌丛中。除东北及甘肃、新疆、青海、西藏外，其他地区均有分布。
[食药价值]　果生食或制果酱、酿酒。根入药，有活血散瘀、止血之效。

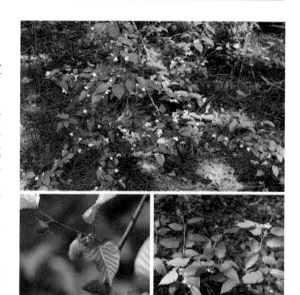

## 空心泡

### 蔷薇科（Rosaceae）　　　悬钩子属（*Rubus*）

[学　　名]　*Rubus rosifolius* Sm.
[别　　名]　蔷薇莓、刺莓、龙船泡
[形态特征]　直立或攀缘灌木，高2～3米；小枝幼时有短柔毛，具扁平皮刺。奇数羽状复叶，小叶5～7，披针形或卵状披针形，长3～5厘米，宽1～1.8厘米，边缘具尖重锯齿，下面散生柔毛，沿中脉有皮刺，两面均有腺点，侧脉8～10对；叶柄和叶轴散生少数皮刺和柔毛。花1～2朵生于叶腋；花梗（花柄）长1～2.5厘米，无毛，散生小皮刺；花白色，直径约3厘米。聚合果椭圆形或长圆形，长1～1.5厘米，宽约8毫米，浅红色。花果期4～6月。
[生境分布]　生于山坡林中。分布于福建、湖北、湖南、云南、四川及华南等地区。
[食药价值]　果可食。根、嫩枝及叶入药，有清热止咳、止血、祛风湿之效。

## 蓬蘽

### 蔷薇科（Rosaceae）　　　悬钩子属（*Rubus*）

［学　　名］ *Rubus hirsutus* Thunb.

［别　　名］ 泼盘、三月泡

［形态特征］ 落叶灌木，高1～2米。枝被柔毛和腺毛，疏生皮刺。奇数羽状复叶，小叶3～5，卵形或宽卵形，长3～7厘米，宽2～3.5厘米，先端急尖或渐尖，基部宽楔形，两面疏生柔毛，边缘具不整齐尖锐重锯齿；叶柄长2～3厘米，有皮刺，托叶披针形。花单生于小枝顶端；花梗（花柄）长2～6厘米，具柔毛、腺毛和极少小刺；苞片线形，具柔毛，花径3～4厘米；花萼密被柔毛和腺毛，萼片卵状披针形，长尾尖，花后反折；花瓣倒卵形，白色；花柱和子房均无毛。聚合果近球形，直径1～2厘米，红色。花果期4～6月。

［生境分布］ 生于山坡阴湿地或灌丛中。分布于华东及河南、湖北、广东等地区。

［食药价值］ 果可生食、制果汁。全株入药，能消炎解毒、清热镇惊、活血祛湿。

## 插田泡

### 蔷薇科（Rosaceae）　　　悬钩子属（*Rubus*）

［学　　名］ *Rubus coreanus* Miq.

［别　　名］ 插田藨、高丽悬钩子

［形态特征］ 落叶灌木，高1～3米。茎直立或弯曲成拱形，红褐色，被白粉，有钩状的扁平皮刺。奇数羽状复叶，小叶3～7片，卵形或菱状卵形，长2～8厘米，宽1.5～4厘米，先端急尖，基部宽楔形或近圆形，边缘有不整齐粗锯齿，下面灰绿色，沿叶脉有柔毛；叶柄长2～5厘米，柄、叶轴散生小皮刺；托叶条形。伞房花序顶生或腋生；总花梗（花序梗、花序轴）和花梗（花柄）有柔毛；花粉红色，直径0.7～1厘米；萼裂片卵状披针形，外面有毛。聚合果近球形，直径5～8毫米，深红色至紫黑色。花果期4～8月。

［生境分布］ 生于山坡灌丛、山谷或路旁。分布于四川、陕西、甘肃、安徽、江苏、浙江、江西及华中地区。

［食药价值］ 果实味酸甜，可生食、熬糖及酿酒，对身体有强壮作用。

　　酿酒方法：选择好的果实，用清水洗净沥干，将果捣成浆状或用榨汁机处理。经消毒杀菌后，加入少量的酵母液，进行发酵。约7～10天，即可取出压榨的液汁，经静置澄清（或过滤），即为味美可口的果子酒。

# 茅莓

## 蔷薇科（Rosaceae）　　悬钩子属（*Rubus*）

[学　　名]　*Rubus parvifolius* L.
[别　　名]　红梅消、草杨梅子
[形态特征]　落叶灌木，高 1～2 米。枝呈拱形弯曲，有短柔毛及倒生皮刺。奇数羽状复叶，小叶 3～5，菱状圆形或倒卵形，长 2.5～6 厘米，宽 2～6 厘米，先端圆钝或急尖，基部圆形或宽楔形，边缘浅裂和不整齐粗锯齿，上面疏生柔毛，下面密生白色绒毛；叶柄长 2.5～5 厘米，柄和叶轴有柔毛及小皮刺；托叶条形。伞房花序顶生或腋生；总花梗（花序梗、花序轴）和花梗（花柄）密生柔毛和细刺；花粉红或紫红色，直径 6～9 毫米。聚合果卵球形，直径 1～1.5 厘米，红色。花果期 5～8 月。
[生境分布]　生于丘陵、山坡、路旁或荒野。分布几遍全国。
[食药价值]　果可生食、熬糖和酿酒。全株入药，有清热解毒、活血消肿及祛风收敛的功效。

同属植物寒莓（*R.buergeri*），单叶，卵形至近圆形，顶端圆钝或急尖，基部心形，下面密被绒毛，边缘 5～7 浅裂，裂片圆钝，有不整齐锐锯齿。花白色。果实近球形，无毛。

盾叶莓（*R.peltatus*），叶片盾状，两面均有贴生柔毛，下面毛较密并沿中脉有小皮刺，边缘 3～5 掌状分裂，裂片三角状卵形，有不整齐细锯齿。果实圆柱形，长 3～4.5 厘米，密被柔毛。

多腺悬钩子（*R.phoenicolasius*），小枝密生红褐色刺毛、

腺毛和稀疏皮刺。小叶 3 片，稀 5 片。果实半球形，直径约 1 厘米，无毛。

白叶莓（*R.innominatus*），小叶常 3 片，稀 5 片，叶下面密被灰白色绒毛。上述植物果实均可食用。

# 路边青

## 蔷薇科（Rosaceae）　　路边青属（*Geum*）

[学　　名]　*Geum aleppicum* Jacq.
[别　　名]　水杨梅、兰布政
[形态特征]　多年生草本，高 0.3～1 米。根多分枝，全株被粗硬毛。基生叶为大头羽状复叶，通常有小叶 2～6 对，小叶大小极不相等，顶生小叶最大，菱状卵形至圆形，长 4～8 厘米，宽 5～10 厘米，3 裂或具缺刻，先端急尖，基部楔形或近心形，边缘有大锯齿；侧生叶片小，间有小型叶片；茎生叶 3～5 片，卵形，3 浅裂或羽状分裂；托叶卵形，有缺刻。花序顶生；花黄色，直径 1～1.5 厘米。聚合果球形，直径约 1.5 厘米，宿存花柱先端有长钩刺。花果期 7～10 月。
[生境分布]　生于山坡草地、路旁或河边。分布于东北、华北、西北、中南和西南地区。
[食药价值]　嫩茎叶可食。全草入药，有行气止痛之效。

# 翻白草

## 蔷薇科（Rosaceae）　　委陵菜属（*Potentilla*）

[学　　名]　*Potentilla discolor* Bge.

[别　　名]　鸡腿根、鸡爪参、叶下白

[形态特征]　多年生草本，高 10～45 厘米。根肥厚，纺锤形。茎短而不明显。羽状复叶，基生叶斜上或平伸，小叶 2～4 对，小叶片长圆形或长圆披针形，长 1～5 厘米，宽5～8 毫米，边缘有缺刻状锯齿，上面有长柔毛或近无毛，下面密生白色绒毛；叶柄长 3～15 厘米，密生白色绒毛；茎生小叶通常三出。聚伞花序排列稀疏，总花梗（花序梗、花序轴）、花梗（花柄）、副萼及花萼外面皆密生白色绒毛；花黄色，直径 1～1.5 厘米。瘦果近肾形，光滑。花果期 5～9 月。

[生境分布]　生于丘陵、山谷沟边、草甸及疏林下。分布于我国南北各地。

[食药价值]　嫩苗可食；块根富含淀粉。全草入药，能清热解毒、凉血止血。

# 委陵菜

## 蔷薇科（Rosaceae）　　委陵菜属（*Potentilla*）

[学　　名]　*Potentilla chinensis* Ser.

[别　　名]　一白草、生血丹、天青地白

[形态特征]　多年生草本，高 20～70 厘米。根粗壮，稍木质化。茎丛生，直立或斜上，被白色柔毛。羽状复叶，基生叶有小叶 5～15 对，小叶片长圆形、倒卵形或长圆披针形，长 1～5 厘米，宽 0.5～1.5 厘米，羽状深裂，裂片三角状披针形，下面密生白色绵毛；叶柄长约 1.5 厘米；托叶和叶柄基部合生；叶轴有长柔毛；茎生叶与基生叶相似。聚伞花序顶生，总花梗（花序梗、花序轴）和花梗（花柄）有白色绒毛；花黄色，直径约 1 厘米。瘦果卵形，深褐色，有明显皱纹，多数聚生于有绵毛的花托上。花果期 4～10 月。

[生境分布]　生于山坡、路旁或沟边。分布于东北、华北、华中、西北及西南地区。

[食药价值]　嫩苗可食。全草入药，能清热解毒、收敛止血。

# 朝天委陵菜

## 蔷薇科（Rosaceae）　　委陵菜属（*Potentilla*）

[学　　名]　*Potentilla supina* L.
[别　　名]　鸡毛菜、仰卧委陵菜、铺地委陵菜
[形态特征]　一至二年生草本，高 20～50 厘米。主根细长；茎平铺或倾斜伸展，分枝多，疏生柔毛。羽状复叶，基生叶有小叶 2～5 对，小叶长圆形或倒卵状长圆形，长 1～2.5 厘米，宽 0.5～1.5 厘米，先端圆钝，边缘有缺刻状锯齿，两面疏生柔毛或近无毛；茎生叶与基生叶相似，向上小叶对数渐少，托叶阔卵形，三浅裂。下部花单生于叶腋，顶端呈伞房状聚伞花序；花梗（花柄）长 0.8～1.5 厘米，生柔毛；花黄色，直径 6～8 毫米；萼片三角卵形，副萼片椭圆状披针形。瘦果长圆形，黄褐色，有纵皱纹。花果期 3～10 月。
[生境分布]　生于山坡、路旁、水边或沙滩。分布几遍全国。
[食药价值]　嫩叶、块根可食。全草入药，具有滋补、清热解毒、收敛止血和止咳化痰的功效。
　　　同属植物蕨麻（*P.anserina*），别名鹅绒委陵菜、人参果。

多年生草本；根肉质，纺锤形。基生叶为间断羽状复叶，小叶 6～11 对；小叶片卵状长圆形或椭圆形，先端圆钝，边缘有深锯齿，下面密生白色绵毛。根富含淀粉，供食用和酿酒，治贫血和营养不良等症。

# 山桃

## 蔷薇科（Rosaceae）　　桃属（*Amygdalus*）

[学　　名]　*Amygdalus davidiana*（Carr.）C. de Vos
[别　　名]　山毛桃、野桃
[形态特征]　落叶乔木，高达 10 米。树皮暗紫色，光滑；小枝细长，幼时无毛。叶片卵状披针形，长 5～13 厘米，宽 1.5～4 厘米，先端渐尖，基部楔形，边缘具细锐锯齿，两面无毛；叶柄长 1～2 厘米，无毛，常具腺体。花单生，先叶开放，直径 2～3 厘米，近无梗；萼筒钟状，无毛，萼裂片卵形，紫色；花瓣倒卵形或近圆形，粉红色或白色；雄蕊多数；心皮 1 枚，稀 2 枚，被柔毛。核果球形，直径 2.5～3.5 厘米，有沟，密被短柔毛；果肉薄而干，不可食；核小，与果肉分离。花果期 3～8 月。
[生境分布]　生于山坡、山谷沟底或荒野疏林及灌丛。分布于山东、河北、河南、山西、陕西、甘肃、云南、贵州、四川等省。
[食药价值]　树胶可食，美容养颜；种仁可榨油供食用。桃胶入药，有破血、和血、益气之效。
　　　同属植物桃（*A.persica*）原产我国，各地区广泛栽培，所产桃胶可充分利用。

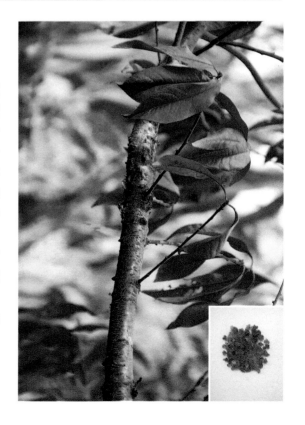

## 华中樱桃

### 蔷薇科（Rosaceae）    樱属（*Cerasus*）

[学　　名]　*Cerasus conradinae*（Koehne）Yü et Li

[别　　名]　单齿樱花、康拉樱

[形态特征]　落叶乔木，高 3～10 米。冬芽、嫩枝均无毛。叶片倒卵形或长椭圆形，长 5～9 厘米，宽 2.5～4 厘米，先端骤尖或渐尖，基部圆，叶缘齿端有小腺体，侧脉 7～9 对；叶柄长 6～8 毫米，有 2 腺体，托叶线形，有腺齿。伞形花序 3～5 花，先叶开放；总苞片褐色，倒卵状椭圆形，内面密被疏柔毛；总花梗（花序梗、花序轴）长 0.4～1.5 厘米；苞片褐色，宽扇形，有腺齿。花梗（花柄）长 1～1.5 厘米，无毛；萼片三角状卵形；花瓣白或粉红色，卵形或倒卵形，先端 2 裂；雄蕊多数；花柱无毛。核果卵圆形，熟时红色，长 0.8～1.1 厘米，核棱纹不显著。花果期 3～5 月。

[生境分布]　生于沟边林中。分布于陕西、云南、贵州、四川、广西及华中等地区。

[食药价值]　果实可食或酿酒。果含铁量高，抗缺铁贫血；补中益气，祛风除湿。

## 合欢

### 豆科（Fabaceae）    合欢属（*Albizia*）

[学　　名]　*Albizia julibrissin* Durazz.

[别　　名]　绒花树、马缨花、夜合树

[形态特征]　落叶乔木，高达 16 米。嫩枝、花序和叶轴被绒毛或短柔毛。二回羽状复叶，具羽片 4～12 对，栽培的可达 20 对；小叶 10～30 对，线形至长圆形，长 0.6～1.2 厘米，宽 1～4 毫米，向上偏斜，先端有小尖头；托叶早落。头状花序于枝顶排成圆锥花序；花粉红色，花梗（花柄）短；花萼管状，长 3 毫米；花冠长 8 毫米，裂片三角形，花萼、花冠疏生短柔毛；花丝长 2.5 厘米。荚果带状，长 9～15 厘米，宽 1.5～2.5 厘米。花果期 6～10 月。

[生境分布]　生于山谷、平原。分布于华东、华南、西南及辽宁、河北、河南、陕西等地区。常植为城市行道树。

[食药价值]　嫩叶可食。将其焯熟，浸泡后凉拌；合欢花可以与米一起熬粥。树皮、花药用，具有解郁安神、活血消肿、止痛的功效。

# 决明

## 豆科（Fabaceae） 决明属（*Senna*）

[学　　名] *Senna tora*（L.）Roxb.

[别　　名] 草决明、假绿豆、

[形态特征] 一年生半灌木状草本，高 1～2 米。羽状复叶，叶轴上每对小叶间有 1 腺体；小叶 3 对，小叶片倒卵形至倒卵状长椭圆形，长 2～6 厘米，宽 1.5～2.5 厘米，幼时两面疏生长柔毛。花常 2 朵生于叶腋；总花梗（花序梗、花序轴）长 0.6～1 厘米；萼片 5，分离；花瓣黄色，下面两片略长，长 1.2～1.5 厘米，宽 5～7 毫米；能育雄蕊 7 枚；子房无柄，被白色柔毛。荚果纤细，近四棱形，长达 15 厘米，宽 3～4 毫米；种子多数，菱形，淡褐色，有光泽。花果期 8～11 月。

[生境分布] 生于山坡、旷野及河滩。原产美洲热带地区，分布于长江以南地区，河北等地有栽培。

[食药价值] 嫩叶、嫩果可作蔬菜。种子药用，有清肝明目、润肠祛风、强壮利尿之效。

# 皂荚

## 豆科（Fabaceae） 皂荚属（*Gleditsia*）

[学　　名] *Gleditsia sinensis* Lam.

[别　　名] 皂角、皂荚树

[形态特征] 落叶乔木，高达 30 米。刺粗壮，圆柱形，常分枝，长达 16 厘米。一回羽状复叶簇生，小叶 2～9 对；小叶片卵状披针形至长圆形，长 2～12.5 厘米，宽 1～6 厘米，先端圆钝，具小尖头，基部斜圆形或斜楔形，边缘有细锯齿，两面被柔毛。花杂性，黄白色，总状花序腋生或顶生，被短柔毛；萼片 4 片，三角状披针形；花瓣 4 片；雄蕊 6～8 枚；子房沿缝线有毛，柱头浅 2 裂。荚果条形，长 12～37 厘米，宽 2～4 厘米，褐棕色，被白色粉霜；种子多粒，棕色，光亮。花果期 3～12 月。

[生境分布] 生于山坡林中或谷地、路边或宅旁。分布于东北、华北、华东、中南及云南、贵州、四川等地区。

[食药价值] 嫩芽油盐调食，种子煮熟糖渍可食。果、刺入药，能祛痰通窍、镇咳利尿、杀虫治癣。种子（皂仁）润肠，治便秘。

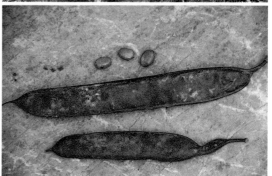

# 槐

## 豆科（Fabaceae）　槐属（*Styphnolobium*）

[学　　名]　*Styphnolobium japonicum*（L.）Schott

[别　　名]　国槐、槐树、守宫槐

[形态特征]　落叶乔木，高达 25 米。树皮灰褐色，具纵裂纹。嫩枝绿色，无毛。羽状复叶长达 25 厘米；叶轴有毛，基部膨大；小叶 4～7 对，卵状披针形，长 2.5～6 厘米，宽 1.5～3 厘米，先端渐尖而具细突尖，基部宽楔形，下面灰白色，疏生短柔毛。圆锥花序顶生；萼钟状，具 5 个小齿，疏被毛；花冠白色或淡黄色，旗瓣近圆形，具短爪，有紫脉；雄蕊 10 枚，不等长。荚果肉质，串珠状，长 2.5～5 厘米，无毛，成熟不裂；种子 1～6 粒，卵球形。花果期 7～10 月。

[生境分布]　喜肥沃、湿润而排水良好的土壤。原产我国，南北各地普遍栽培，尤以西北及华北最常见。

[食药价值]　花蕾（槐米）可食。花、果入药，有清凉收敛、止血降压的作用。

# 南苜蓿

## 豆科（Fabaceae）　苜蓿属（*Medicago*）

[学　　名]　*Medicago polymorpha* L.

[别　　名]　黄花草子、金花菜、草头

[形态特征]　一至二年生草本，高 20～90 厘米。茎匍匐或稍直立，近四棱形，基部分枝，无毛或微被毛。三出羽状复叶；托叶大，卵状长圆形，长 4～7 毫米；叶柄长 1～5 厘米；小叶宽倒卵形，长 0.7～2 厘米，宽 0.5～1.5 厘米，边缘 1/3 以上具浅锯齿，上面无毛，下面被疏柔毛。花序头状伞形，腋生。花长 3～4 毫米，花梗（花柄）长不及 1 毫米；花萼钟形，萼齿披针形；花冠黄色。荚果螺旋状，边缘具疏刺；种子 3～7 粒；长肾形，棕褐色，平滑。花果期 3～6 月。

[生境分布]　喜生于土壤较肥沃的路旁、荒地。分布于长江流域以南，以及陕西、甘肃、云南、贵州等地区。

[食药价值]　嫩叶可食，浙江和上海等地常栽培作蔬菜。全草入药，清热利尿，治膀胱结石。

　　同属植物天蓝苜蓿（*M.lupulina*），全株被柔毛，或有腺毛。荚果肾形，熟时变黑；种子 1 粒。嫩叶可食用。

## 紫藤

### 豆科（Fabaceae） 紫藤属（*Wisteria*）

[学　　名]　*Wisteria sinensis*（Sims）Sweet
[别　　名]　紫藤萝、藤花
[形态特征]　落叶木质藤本，长达 20 余米。茎左旋，枝较粗壮，嫩枝被白色柔毛，后秃净。奇数羽状复叶，长 15～25 厘米，小叶 3～6 对，纸质，卵形或卵状披针形，上部小叶较大，基部 1 对最小，长 5～8 厘米，宽 2～4 厘米。总状花序侧生，下垂，长 15～30 厘米，先叶开花。花长 2～2.5 厘米，芳香；花萼杯状，密被细绢毛；花冠紫色，旗瓣内面基部有 2 胼胝体。荚果倒披针形，长 10～15 厘米，宽 1.5～2 厘米，密被黄色绒毛。种子 1～3 粒，褐色，扁圆形。花果期 4～8 月。

[生境分布]　生于山坡、山沟或草地上。我国南北各地均有分布，并广为栽培。
[食药价值]　花可食用，制作"紫萝饼""紫萝糕"等风味面食。茎皮及花供药用，能解毒驱虫、止吐泻。

## 刺槐

### 豆科（Fabaceae） 刺槐属（*Robinia*）

[学　　名]　*Robinia pseudoacacia* L.
[别　　名]　洋槐、刺儿槐
[形态特征]　落叶乔木，高 10～25 米。树皮褐色，常浅裂至深纵裂；小枝灰褐色，具托叶刺。羽状复叶，长 10～40 厘米；小叶 2～12 对，椭圆形或卵形，长 2～5 厘米，宽 1.5～2.2 厘米，先端圆或微凹，有小尖，基部圆形，全缘，幼时疏生短柔毛。总状花序腋生，总花梗（花序梗、花序轴）及花梗（花柄）有柔毛；花萼斜钟状，萼齿 5，有柔毛；花冠白色，旗瓣有爪，基部有黄斑；雄蕊二体；子房无毛。荚果扁，条状长圆形，长 5～12 厘米，宽 1～1.7 厘米，赤褐色；种子 2～15 粒，肾形，褐色。花果期 4～9 月。

[生境分布]　喜湿润肥沃的土壤，在丘陵、干燥沙荒地也能生长。原产美国，我国各地引种栽培。
[食药价值]　嫩叶及花可食。茎皮、根、叶供药用，有利尿、止血之效。

　　"槐林五月漾琼花，郁郁芬芳醉万家。"每当盛夏，一串串洁白的刺槐花缀满树枝，空气中弥漫着淡淡的、素雅的清香，沁人心脾。

## 锦鸡儿

### 豆科（Fabaceae）　　锦鸡儿属（*Caragana*）

[学　　名]　*Caragana sinica*（Buc'hoz）Rehd.

[别　　名]　金雀花、娘娘袜

[形态特征]　落叶灌木，高 1～2 米。小枝有棱，无毛。托叶三角形，硬化成针刺；叶轴脱落或宿存变成针刺；小叶 2 对，羽状，上部 1 对通常较大，厚革质或硬纸质，倒卵形或长圆状倒卵形，长 1～3.5 厘米，宽 0.5～1.5 厘米，先端圆或微凹，具刺尖或无。花单生，花梗（花柄）长约 1 厘米，中部有关节；花萼钟状，长 1.2～1.4 厘米，宽 6～9 毫米，基部偏斜；花冠黄色，常带红色，长 2.8～3 厘米，旗瓣狭倒卵形，翼瓣稍长于旗瓣。荚果长 3～3.5 厘米，宽约 5 毫米，稍扁。花果期 4～7 月。

[生境分布]　生于山坡和灌丛。分布于河北、陕西、云南、贵州、四川及华东、华中等地区。

[食药价值]　花可炒蛋、煮汤等方式食用。花、根皮入药，能祛风活血、舒筋、除湿利尿、止咳化痰。

## 紫云英

### 豆科（Fabaceae）　　黄芪（耆）属（*Astragalus*）

[学　　名]　*Astragalus sinicus* L.

[别　　名]　红花草籽、沙蒺藜

[形态特征]　二年生草本，高 10～30 厘米。茎直立或匍匐，多分枝，被白色疏柔毛。奇数羽状复叶；小叶 7～13，倒卵形或椭圆形，长 1～1.5 厘米，宽 0.4～1 厘米，先端凹或圆钝，基部宽楔形，两面有白色柔毛。总状花序近伞形，总花梗（花序梗、花序轴）腋生，长达 15 厘米；花萼钟状，萼齿披针形，有柔毛；花冠紫色或橙黄色，翼瓣较旗瓣短；子房无毛或疏被柔毛，有短柄。荚果线状长圆形，微弯，长 1.2～2 厘米，黑色；种子肾形，栗褐色。花果期 2～7 月。

[生境分布]　生于山坡、溪边或潮湿处。分布于华东、中南及云南、贵州、四川、陕西等地区。多栽培。

[食药价值]　嫩茎叶炒食或做汤。种子及全草药用，能补气固精、益肝明目、清热利尿和祛风止咳。

## 鸡眼草

### 豆科（Fabaceae）　　　鸡眼草属（*kummerowia*）

[学　　名]　*Kummerowia striata*（Thunb.）Schindl.

[别　　名]　公母草、掐不齐

[形态特征]　一年生草本，高5～45厘米。茎平卧，多分枝，被倒生白毛。三出羽状复叶；小叶纸质，倒卵形至长圆形，长0.6～2.2厘米，宽3～8毫米，先端圆形，稀微缺，基部近圆形，全缘，两面沿中脉及边缘有白色粗毛；托叶大，膜质，卵状长圆形，宿存。花小，1～3朵生于叶腋，小苞片4片；花萼钟状，带紫色，5裂；花冠粉红色或紫色，比萼长近1倍。荚果圆形或倒卵形，稍侧扁，长3.5～5毫米，先端短尖，被细柔毛。花果期7～10月。

[生境分布]　生于山坡、路旁、田边、林边和林下。除西北地区外，分布于其他地区。

[食药价值]　嫩茎叶可作野菜。全草供药用，有利尿通淋、解热止痢之效。

## 歪头菜

### 豆科（Fabaceae）　　　野豌豆属（*Vicia*）

[学　　名]　*Vicia unijuga* A. Br.

[别　　名]　豆叶菜、两叶豆苗

[形态特征]　多年生草本，高0.15～1.8米。通常数茎丛生，具棱，疏被柔毛，老时渐落，茎基部表皮红褐色。卷须变为针状；小叶一对，卵形至菱形，长1.5～11厘米，宽1.5～5厘米，先端急尖，基部斜楔形，边缘小齿状；托叶大，戟形。总状花序腋生；花萼斜钟状，萼齿5个，三角形，下面3齿高，疏生短毛；花冠蓝紫色或紫红色，长1～1.6厘米；子房具柄，花柱上部四周被毛。荚果扁长圆形，长2～3.5厘米，棕黄色；种子3～7粒，扁圆形，黑褐色。花果期6～9月。

[生境分布]　生于山地、林边、草地、沟边及灌丛。分布于东北、华北、华东、华中和西南地区。

[食药价值]　嫩茎叶可食。全草药用，有补虚调肝、理气止痛之效。

# 救荒野豌豆

## 豆科（Fabaceae）　　野豌豆属（*Vicia*）

[学　　名]　*Vicia sativa* L.

[别　　名]　大巢菜、野豌豆、野菉豆

[形态特征]　一至二年生草本，高 0.15～1.05 米。茎斜升或攀缘，具棱，被微柔毛。羽状复叶，卷须有 2～3 分枝；小叶 2～7 对，长椭圆形或倒卵形，长 0.9～2.5 厘米，宽 0.3～1 厘米，先端截形，凹入，有短尖，基部楔形，两面疏生黄色柔毛；托叶戟形，2～4 裂齿。花 1～4 朵生叶腋；萼钟状，萼齿 5 个，披针形，有柔毛；花冠紫色或红色；子房具短柄，花柱顶端背部有淡黄色髯毛。荚果线状长圆形，长 4～6 厘米，宽 5～8 毫米，有毛；种子 4～8 粒，圆球形，棕色或黑褐色。花果期 4～9 月。

[生境分布]　生于山坡草地、路旁、灌木林下或麦田中。原产欧洲南部、亚洲西部。广布于全国各地。

[食药价值]　嫩茎叶可作蔬菜。全草药用，有活血平胃、利五脏、明耳目之效；捣烂外敷治疗疮。

# 四籽野豌豆

## 豆科（Fabaceae）　　野豌豆属（*Vicia*）

[学　　名]　*Vicia tetrasperma*（L.）Schreb.

[别　　名]　小乔菜、苕子、野苕子

[形态特征]　一年生缠绕草本，高 20～60 厘米。茎纤细，有棱，多分枝，全株有疏柔毛。羽状复叶，卷须通常无分枝；托叶箭头形或半三角形；小叶 2～6 对，长圆形或线形，长 6～7 毫米，宽约 3 毫米，先端钝，具短尖头，基部楔形。花小，淡蓝色或紫白色，1～2 朵排成腋生总状花序；总花梗（花序梗、花序轴）细弱，与叶近等长；子房无毛，有短柄，花柱上部被柔毛。荚果长圆形，长 0.8～1.2 厘米，宽 2～4 毫米；种子 4 粒，稀 3，扁圆形，褐色。花果期 3～8 月。

[生境分布]　常生于田边、荒地。分布于华东、华中、西南及陕西、甘肃、新疆等地区。

[食药价值]　嫩茎叶可食。全草药用，有平胃、明目之功效。

## 小巢菜

### 豆科（Fabaceae）　　野豌豆属（*Vicia*）

[学　　名]　*Vicia hirsuta*（L.）S. F. Gray

[别　　名]　雀野豆、苕、薇、硬毛果野豌豆

[形态特征]　一年生草本，高 0.15～1.2 米。茎细柔有棱，近无毛。羽状复叶，卷须分枝，托叶线形，基部有 2～3 裂齿；小叶 4～8 对，线形或狭长圆形，长 0.5～1.5 厘米，宽 1～3 毫米，先端截形，微凹，有短尖，基部楔形，两面无毛。总状花序腋生，有 2～7 朵花；花萼钟状，萼齿 5，披针形；花冠白色或淡紫色，长约 3 毫米；子房有密长硬毛，无柄，花柱上部有短柔毛。荚果长圆形，长 0.5～1 厘米，密被棕褐色长硬毛；种子 2 粒，棕色，扁圆形。花果期 2～7 月。

[生境分布]　生于山沟、河滩、田边或路旁草丛。分布于华东、中南、西南和西北地区。

[食药价值]　嫩茎叶可食。全草药用，功效与救荒野豌豆相同。

## 广布野豌豆

### 豆科（Fabaceae）　　野豌豆属（*Vicia*）

[学　　名]　*Vicia cracca* L.

[别　　名]　草藤、落豆秧

[形态特征]　多年生蔓性草本，高 0.4～1.5 米。茎有棱，被柔毛。羽状复叶，卷须 2～3 分枝；小叶 5～12 对，狭椭圆形或线状披针形，长 1.1～3 厘米，宽 2～4 毫米，先端突尖，基部圆形，上面无毛，下面有短柔毛；托叶半箭头形或戟形，上部 2 深裂。总状花序腋生，有花 10～40 朵；花萼斜钟形，萼齿 5，近三角状披针形；花冠紫色或蓝紫色；子房具长柄，花柱上部被黄色腺毛。荚果长圆形，褐色，长 2～2.5 厘米，宽约 5 毫米；种子 3～6 粒，扁圆球形，黑褐色。花果期 5～9 月。

[生境分布]　生于山坡、林边、田边、河滩草地及灌丛。分布于全国大部分地区。

[食药价值]　嫩茎叶可食。全草药用，功效同救荒野豌豆。

　　同属植物大叶野豌豆（*V.pseudo-orobus*），别名假香野豌豆。羽状复叶，小叶 2～5 对。嫩叶可食。

## 两型豆

### 豆科（Fabaceae）　　两型豆属（*Amphicarpaea*）

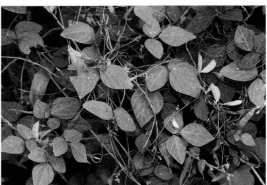

[学　　名]　*Amphicarpaea edgeworthii* Benth.

[别　　名]　阴阳豆、三籽两型豆

[形态特征]　一年生缠绕草本，茎纤细，长 0.3～1.3 米，被淡褐色柔毛。3 片小叶复叶，顶生小叶菱状卵形或扁卵形，长 2.5～5.5 厘米，宽 2～5 厘米，先端钝或急尖，基部圆形，两面被白色伏贴柔毛，侧生小叶常偏斜。花二型，生于茎上部的为正常花，2～7 朵排成腋生的总状花序，各部被淡褐色长柔毛。花萼筒状，5 裂，裂片不等；花冠淡紫或白色；生于茎下部的为闭锁花，无花瓣；子房伸入地下结实。荚果二型，生于茎上部的被毛，含种子 2～3 粒；生地下的有种子 1 粒。花果期 8～11 月。

[生境分布]　常生于山坡路旁及丛林边。分布于东北、华北、江南及陕西、甘肃等地区，海南地区有栽培。

[食药价值]　用于制豆酱、豆芽及糕点。种子含有异黄酮类化合物，具有抗炎、降脂、抗氧化等功能。

## 野大豆

### 豆科（Fabaceae）　　大豆属（*Glycine*）

[学　　名]　*Glycine soja* Sieb. et Zucc.

[别　　名]　[豆劳]豆、乌豆、野黄豆

[形态特征]　一年生缠绕草本，长 1～4 米。茎纤细，全株疏被褐色长硬毛。3 小叶复叶，顶生小叶卵状披针形，长 3.5～6 厘米，宽 1.5～2.5 厘米，先端锐尖至钝圆，基部圆形，全缘，两面均被绢状的糙伏毛，侧生小叶斜卵状披针形；托叶卵状披针形，急尖，有黄色柔毛。总状花序腋生；花梗（花柄）密生黄色长硬毛；花萼钟状，裂片 5 片，三角状披针形，有黄色硬毛；花冠淡红紫色或白色；花柱短而向一侧弯曲。荚果长圆形，稍弯，长约 3 厘米，密生长硬毛；种子 2～3 粒，椭圆形，稍扁，褐色或黑色。花果期 7～10 月。

[生境分布]　多生于山野、田边、堤岸及杂草丛中。除新疆、青海和海南外，遍布其他地区。

[食药价值]　种子供食用，还可做酱、酱油和豆腐等。药用，有强壮利尿、平肝敛汗的功效。

# 常春油麻藤

## 豆科（Fabaceae） 油麻藤属（*Mucuna*，原黧豆属）

[学　　名]　*Mucuna sempervirens* Hemsl.

[别　　名]　常绿油麻藤、牛马藤、过山龙

[形态特征]　常绿木质藤本，长达 25 米。3 小叶复叶，坚纸质或革质，顶生小叶椭圆形至卵状椭圆形，长 8～15 厘米，宽 3.5～6 厘米，先端渐尖，基部圆楔形，侧生小叶极偏斜，无毛。总状花序生于老茎上，每节上有 3 朵花；花萼宽钟形，萼齿 5 片，上面 2 个齿连合，外面被稀疏的金黄色或锈色长硬毛，里面密生绢质茸毛；花冠深紫色，长约 6.5 厘米；雄蕊管长约 4 厘米，花柱下部和子房被毛。荚果木质，条状，长 30～60 厘米，被毛，种子间缢缩；种子 4～12 粒，扁长圆形，长约 2.2～3 厘米，棕色。花果期 4～10 月。

[生境分布]　生于亚热带森林、灌丛和溪谷。分布于云南、贵州、四川、江西、浙江、福建及中南地区。

[食药价值]　块根可提取淀粉；种子可食。茎藤药用，有活血化瘀、通筋脉之效。

# 葛

## 豆科（Fabaceae） 葛属（*Pueraria*）

[学　　名]　*Pueraria montana*（Lour.）Merr.

[别　　名]　野葛、葛藤

[形态特征]　多年生落叶藤本，长达 8 米。全体被黄色长硬毛，茎基部木质，块根肥厚。3 小叶复叶；小叶三裂，稀全缘，顶生小叶菱状卵形，长 7～19 厘米，宽 5～18 厘米，先端渐尖，基部圆形，侧生小叶斜卵形，下面有粉霜，两面有毛；托叶卵状长圆形，小托叶针状。总状花序腋生，花密；小苞片卵形或披针形；花萼钟形，萼齿 5 个，披针形，上面 2 个齿合生，下面 1 个齿较长，有黄褐色柔毛；花冠紫红色，长 1～1.2 厘米。荚果长椭圆形，长 5～9 厘米，扁平，密生黄色长硬毛。花果期 9～12 月。

[生境分布]　生于草坡、路边或疏林中。除新疆、青海、西藏外，遍布其他地区。

[食药价值]　块根可制葛粉、酿酒。葛根药用，解热透疹，生津止渴，解毒、止泻；葛粉可解酒。

　　变种葛麻姆（*Pueraria montana* var. *lobata*）、粉葛（*Pueraria montana* var. *thomsonii*）的块根亦用来提取葛粉。

## 鹿藿

### 豆科（Fabaceae）　　鹿藿属（*Rhynchosia*）

[学　　名]　*Rhynchosia volubilis* Lour.

[别　　名]　老鼠眼、痰切豆

[形态特征]　多年生缠绕草质藤本，全株多少被灰色至淡黄色柔毛。3 小叶复叶，顶生小叶卵状菱形，长 3～8 厘米，宽 3～5.5 厘米，先端钝或急尖，基部圆形，两面均被柔毛，下面有黄褐色腺点；基出脉 3 条；侧生小叶偏斜而较小。总状花序 1～3 个腋生；花萼钟状，萼齿 5，披针形，外面被毛及腺点；花冠黄色；子房有毛和密集的腺点。荚果长圆形，红褐色，长约 1.5 厘米，宽约 8 毫米，顶端有小喙，种子间略收缩；种子通常 2 粒，椭圆形，黑色，光亮。花果期 5～12 月。

[生境分布]　常生于山坡、路旁草丛中。分布于江南各省。

[食药价值]　种子可食。根药用，祛风和血、镇咳祛痰，治风湿骨痛、气管炎。叶外用治疗疮。

　　豆科土圞儿属植物土圞儿（*Apios fortunei*），别名九子羊。缠绕草本；有球状块根。奇数羽状复叶；小叶 3～7 片。花黄绿色或淡绿色；荚果长约 8 厘米。块根含淀粉，可食或酿酒。

　　米口袋属少花米口袋（*Gueldenstaedtia verna*），别名米口袋、米布袋。多年生草本；主根圆锥状。茎缩短；自根茎发出多数缩短的分茎。奇数羽状复叶，小叶 7～19 片，着生于分茎上而呈莲座状。花冠红紫色；荚果长圆筒状，长 1.5～2 厘米。嫩叶和种子均可食用。

## 胡颓子

### 胡颓子科（Elaeagnaceae）　　胡颓子属（*Elaeagnus*）

[学　　名]　*Elaeagnus pungens* Thunb.

[别　　名]　半含春、甜棒子、羊奶子

[形态特征]　常绿直立灌木，高 3～4 米。具棘刺；幼枝褐锈色，密被鳞片。叶革质，椭圆形或宽椭圆形，长 5～10 厘米，宽 1.8～5 厘米，两端钝或基部圆，边缘微波状，上面绿色，有光泽，下面银白色，被褐色鳞片，侧脉 7～9 对，在上面凸起；叶柄长 5～8 毫米。花白色，下垂，密被鳞片，1～3 朵花生于叶腋；萼筒圆筒形，长 5～7 毫米，上部四裂，裂片长圆状三角形，内面被短柔毛；雄蕊 4；花柱直立，无毛。果实椭圆形，长 1.2～1.4 厘米，幼时被褐色鳞片，熟时红色。花果期 9 月至翌年 6 月。

[生境分布]　生于向阳山坡或路旁。分布于长江流域以南地区。

[食药价值]　果可食或酿酒。果、根及叶入药，有收敛止泻、镇咳解毒之效，治肺虚短气、吐血等。

## 蔓胡颓子

### 胡颓子科（Elaeagnaceae）　　胡颓子属（*Elaeagnus*）

[学　　名]　*Elaeagnus glabra* Thunb.

[别　　名]　抱君子、藤胡颓子

[形态特征]　常绿蔓生或攀缘灌木，高达5米。常无刺；幼枝密被锈色鳞片。叶互生，革质或薄革质，卵状椭圆形，稀长椭圆形，长4～12厘米，宽2.5～5厘米，顶端渐尖，基部圆形，边缘全缘，表面深绿色，背面灰绿色或铜绿色，有锈色鳞片，侧脉6～8对，在下面凸起；叶柄长5～8毫米。花淡白色，下垂，密被锈色鳞片，3～7朵生叶腋组成短总状花序；萼筒漏斗形，上部4裂，裂片宽卵形。果实长圆形，密被锈色鳞片，长1.4～1.9厘米，熟时红色。花果期9月至翌年5月。

[生境分布]　生于向阳林中或林缘。分布于河南及长江流域各省，南达广东、台湾。

[食药价值]　果可食或酿酒。果、根及叶入药，有收敛止泻、平喘止咳之效。

　　同属植物宜昌胡颓子（*E.henryi*），常绿直立灌木，具刺。叶革质至厚革质，阔椭圆形或倒卵状阔椭圆形，长6～15厘米，宽3～6厘米。果实可生食和酿酒、制果酱。常用来代替胡颓子供药用。

牛奶子（*E.umbellata*），落叶直立灌木，具长1～4厘米的刺。果实球形或卵圆形，长5～7毫米。果实可生食，制果酒、果酱等。

## 木半夏

### 胡颓子科（Elaeagnaceae）　　胡颓子属（*Elaeagnus*）

[学　　名]　*Elaeagnus multiflora* Thunb.

[别　　名]　牛脱、羊不来

[形态特征]　落叶灌木，高2～3米。常无刺，稀老枝具刺；幼枝密被褐锈色鳞片。叶膜质或纸质，椭圆形或卵形，长3～7厘米，宽1.2～4厘米，顶端钝尖或骤尖，基部楔形，全缘，上面幼时被银色鳞片，后脱落，下面银灰色，被鳞片，侧脉5～7对；叶柄长4～6毫米。花白色，常单生于叶腋；花梗（花柄）长4～8毫米；萼筒管状，长5～6.5毫米，4裂，裂片宽卵形，内侧疏生柔毛；雄蕊4枚；花柱直立，无毛。果实椭圆形，长1.2～1.4厘米，密被锈色鳞片，成熟红色。花果期5～7月。

[生境分布]　生于路边及山坡灌丛中。主要分布于河北、河南和长江中下游地区。

[食药价值]　果食用或酿酒。果、根及叶供药用，治跌打损伤、痢疾、哮喘等症。

# 四角刻叶菱

## 千屈菜科（Lythraceae）　　菱属（*Trapa*，原菱科）

[学　　名]　*Trapa incisa* Sieb. et Zucc.

[别　　名]　细果野菱、野菱、菱角

[形态特征]　一年生浮水水生草本。根二型：生水底泥中根细铁丝状；同化根，羽状细裂，丝状裂片淡或深绿褐色。叶二型：浮水叶聚生于茎顶，菱状三角形，长宽通常 1.5～2.5厘米，表面深亮绿色，背面绿色，边缘具齿；叶柄中部膨胀成宽约 4 毫米的海绵质气囊；沉水叶小，早落。花白色，单生于叶腋；萼筒 4 裂，绿色，无毛；花瓣 4 片；雄蕊 4 枚；子房半下位。坚果三角形，高 1.5 厘米，两侧各有 1 长约 7 毫米的硬刺状角，前后也各有 1 向下倾的角。花果期 5～11 月。

[生境分布]　生于池塘或水流缓慢的湖沼中。分布于华中及江苏、安徽、江西、四川、云南等地区。

[食药价值]　果实含淀粉，供食用或酿酒；嫩茎、果柄作野菜，开水焯后炒食。保健作用同欧菱，补脾益气、减肥。

　　同属植物欧菱（*T.natans*），坚果连角宽 4～5 厘米，两侧各有一硬刺状角，紫红色；角伸直，长约 1 厘米。栽培。

# 山茱萸

## 山茱萸科（Cornaceae）　　山茱萸属（*Cornus*）

[学　　名]　*Cornus officinalis* Sieb. et Zucc.

[别　　名]　枣皮、山萸肉

[形态特征]　落叶乔木或灌木，高 4～10 米。树皮灰褐色；冬芽被黄褐色短柔毛。叶对生，纸质，卵状披针形或卵状椭圆形，长 5.5～10 厘米，宽 2.5～4.5 厘米，先端渐尖，基部楔形，全缘，上面绿色，无毛，下面浅绿色，脉腋密生淡褐色丛毛，侧脉 6～7 对；叶柄长 0.6～1.2 厘米。伞形花序生于枝侧，总苞片 4，卵形，紫色；先叶开花，花黄色；花萼 4 裂，裂片宽三角形；花瓣 4 片，舌状披针形；雄蕊 4枚；花盘环状，肉质；子房下位。核果椭圆形，长 1.2～1.7厘米，直径 5～7 毫米，成熟时红色。花果期 3～10 月。

[生境分布]　生于林缘或森林中。分布于华东、华中及山西、陕西、甘肃等地区，栽培或野生。河南西峡县、陕西佛坪县和安徽石台县为"中国山茱萸之乡"。

[食药价值]　可加工成饮料、果酱、蜜饯及罐头等多种绿色保健食品。果实称"萸肉"，为收敛性强壮药，健胃补肾，治腰痛等症。现代医学研究表明：山茱萸具有抗癌、抗病毒、抗艾滋病等重要功能，尤其对化学或放射疗法所引起的白细胞下降有独特的治疗作用。

## 四照花

### 山茱萸科（Cornaceae）　　　山茱萸属（*Cornus*，原四照花属）

[学　　名]　*Cornus kousa* subsp. *chinensis*（Osborn）Q. Y. Xiang

[别　　名]　山荔枝、癞头果

[形态特征]　落叶小乔木，高 3～5 米。树皮灰白色；嫩枝被白色柔毛。叶对生，纸质，卵形或卵状椭圆形，长 5.5～12 厘米，宽 3.5～7 厘米，顶端渐尖，基部圆形或宽楔形，上面绿色，下面绿粉色，两面被毛；侧脉 4～5 对；叶柄长 0.5～1 厘米，被毛。头状花序近球形，具 4 枚白色花瓣状总苞片；花萼筒状，4 裂；花瓣 4 片，黄色；雄蕊 4 枚；花盘垫状；子房下位，2 室。果序球形，紫红色；总果柄纤细，长 5.5～9 厘米。花果期 6～10 月。

[生境分布]　生于海拔 800～1600 米的森林中。分布于内蒙古、山西、云南、贵州、四川、陕西、甘肃及华东、华中等地区。

[食药价值]　果实可鲜食、酿酒和制醋。果入药，驱蛔虫、消积；有暖胃、通经活血的作用；鲜叶敷伤口，可消肿。

　　同属植物尖叶四照花（*C.elliptica*），别名狭叶四照花。常绿木本。叶革质，长椭圆形，稀卵状椭圆形或披针形，长

7～12 厘米，宽 2.5～5 厘米，先端尾尖。果可食及酿酒。

## 枸骨

### 冬青科（Aquifoliaceae）　　　冬青属（*Ilex*）

[学　　名]　*Ilex cornuta* Lindl. et Paxt.

[别　　名]　八角刺、老虎刺、鸟不宿

[形态特征]　常绿灌木或小乔木，高 0.6～3 米。树皮灰白色，平滑；幼枝具纵脊及沟。叶硬革质，二型，四角状长圆形，长 4～9 厘米，宽 2～4 厘米，顶端扩大，有硬而尖的刺齿 3 个，基部平截，两侧各有刺齿 1～2 个，有时全缘，叶面深绿色，具光泽，背面淡绿色，两面无毛；叶柄长 4～8 毫米。雌雄异株，花序簇生于二年生枝的叶腋内；花黄绿色，4 基数。果球形，直径 0.8～1 厘米，成熟时鲜红色，分核 4 个。花果期 4～12 月。

[生境分布]　生于山坡、谷地、溪边林下或灌丛中。分布于长江中下游各省。

[食药价值]　嫩叶代茶。根、枝叶和果入药，果实有滋补强壮作用。

# 大叶冬青

## 冬青科（Aquifoliaceae）　　冬青属（*Ilex*）

[学　　名]　*Ilex latifolia* Thunb.

[别　　名]　苦丁茶、波罗树、大苦酊、宽叶冬青

[形态特征]　常绿大乔木，高达20米。全体无毛；树皮灰黑色，分枝粗壮，具纵棱及槽。叶厚革质，长圆形或卵状长圆形，长8～28厘米，宽4.5～9厘米，边缘疏生锯齿，叶面深绿色，有光泽，背面淡绿色，侧脉12～17对；叶柄长1.5～2.5厘米。雌雄异株，由聚伞花序组成的假圆锥花序生于二年生枝的叶腋内；花淡黄绿色，4基数；雄花序每一分枝有3～9朵花，花萼杯状，直径3.5毫米，花瓣卵状长圆形，长约3.5毫米；雌花序每一分枝1～3朵花，花瓣卵形。果球形，直径约7毫米，成熟时红色，外果皮厚，分核4个。花果期4～10月。

[生境分布]　生于山地常绿阔叶林或竹林中。分布于华东、华中及广西、云南等地区。广西大新县是"中国苦丁茶之乡"。

[食药价值]　嫩叶可代茶（苦丁茶）。苦丁茶具有散风热、清头目、除烦渴的作用，可治头痛、牙痛、目赤和热病烦渴等症。

　　同属植物扣树（*I.kaushue*），小枝、花梗均被微柔毛；雄花序单个分枝具3～4朵花；果较大，直径0.9～1.2厘米。在有些文献中也被称为苦丁茶。

　　小叶苦丁茶则源于木犀科植物粗壮女贞（*Ligustrum robustum* subsp. *chinense*）。女贞属（*Ligustrum*）植物在我国西南地区作为苦丁茶广泛应用，其保健功能及药用价值逐步得到重视。

# 铁苋菜

## 大戟科（Euphorbiaceae）　　铁苋菜属（*Acalypha*）

[学　　名]　*Acalypha australis* L.

[别　　名]　蚌壳草、海蚌含珠

[形态特征]　一年生草本，高20～50厘米。叶互生，膜质，长卵形或菱状卵形，长3～9厘米，宽1～5厘米，边缘具圆锯齿，上面无毛，下面被稀疏柔毛；基部3出脉；叶柄长2～6厘米。穗状花序腋生；花单性，无花瓣；雄花多数生于花序上端，花萼4裂，裂片卵形；雄蕊7～8枚；雌花萼片3片，子房3室，被疏毛，生于花序下端的叶状苞片内。蒴果小，钝三棱状，直径约4毫米，疏生毛和小瘤体。花果期4～12月。

[生境分布]　生于平原、山坡湿地、空旷草地或石灰岩疏林下。除西部高原外，我国大部分地区均有分布。

[食药价值]　嫩叶可食。全草入药，能清热解毒、利水消肿、治痢止泻。

　　叶下珠科（原大戟科）一叶萩（*Flueggea suffruticosa*），别名叶底珠。落叶灌木。雌雄异株，无花瓣，蒴果。嫩茎叶可作野菜。

## 枳椇

### 鼠李科（Rhamnaceae）　　　枳椇属（*Hovenia*）

[学　　名]　*Hovenia acerba* Lindl.

[别　　名]　拐枣、鸡爪树、万字果

[形态特征]　落叶乔木，高 10～25 米。小枝褐色或黑紫色，被棕褐色短柔毛或无毛。叶互生，纸质，宽卵形至心形，长 8～17 厘米，宽 6～12 厘米，顶端长或短渐尖，基部截形或心形，边缘常具细锯齿；三出脉；叶柄长 2～5 厘米。二歧聚伞圆锥花序；花两性，淡黄绿色；萼片具网脉或纵条纹；花瓣椭圆状匙形，具短爪；花柱半裂。浆果状核果近球形，成熟时黄褐色或棕褐色；果序轴肥厚扭曲，肉质，红褐色；种子扁圆形，暗褐色，有光泽。花果期 5～10 月。

[生境分布]　生于旷野、山坡林缘或疏林中。分布于陕西、甘肃以南及华东、中南和西南等地区，常栽培。陕西旬阳县素有"中国拐枣之乡"的美誉。

[食药价值]　果序轴含丰富的糖，可生食、酿酒、熬糖，制醋及功能饮料。种子为利尿药，能解酒。

　　枣属植物酸枣（*Ziziphus jujuba* var. *spinosa*），别名山枣树、棘。核果小，可生食、制果酱或酿酒。

## 毛葡萄

### 葡萄科（Vitaceae）　　　葡萄属（*Vitis*）

[学　　名]　*Vitis heyneana* Roem. et Schult

[别　　名]　绒毛葡萄、五角叶葡萄

[形态特征]　落叶木质藤本，长达 8 米。幼枝、叶柄和总花梗（花序梗、花序轴）密生白色或灰褐色蛛丝状柔毛；卷须 2 叉分枝。叶卵圆形或五角状卵形，长 4～12 厘米，宽 3～8 厘米，先端急尖或渐尖，基部浅心形，边缘有尖锐锯齿，上面几无毛，下面密被灰色或褐色绒毛，基生脉 3～5 出；叶柄长 2.5～6 厘米。圆锥花序疏散，分枝发达；花萼碟形，边缘近全缘，花瓣 5 片，呈帽状黏合脱落；雄蕊 5 枚；花盘 5 裂。浆果球形，成熟时紫黑色，直径 1～1.3 厘米。花果期 4～10 月。

[生境分布]　生于山坡灌丛、石崖或沟边。分布于秦岭以南各省及喜马拉雅东段一带。广西罗城仫佬族自治县为"中国野生毛葡萄之乡"。

[食药价值]　果可生食、酿酒。根皮调经活血、舒筋活络；叶止血，用于治疗外伤出血。

## 刺葡萄

### 葡萄科（Vitaceae）　　葡萄属（Vitis）

[学　　名]　*Vitis davidii*（Roman. Du Caill.）Foex.

[别　　名]　山葡萄

[形态特征]　落叶木质藤本。幼枝生皮刺，无毛；卷须2叉分枝。叶宽卵形至卵圆形，长5～12厘米，宽4～16厘米，顶端短渐尖，不裂或微三浅裂，基部心形，边缘每侧有12～33个锐齿，除下面叶脉和脉腋有短柔毛外，无毛；叶柄长6～13厘米，通常疏生小皮刺。圆锥花序与叶对生，长7～24厘米；花小，直径约2毫米；花萼不明显浅裂；花瓣5片，上部黏合，早落；雄蕊5枚。浆果球形，成熟时紫红色，直径1.2～2.5厘米。花果期4～10月。

[生境分布]　生于山坡、沟谷林中或灌丛。分布于陕西、甘肃、云南、贵州、四川及华东、中南地区。湖南怀化中方县为"中国刺葡萄之乡"。

[食药价值]　果可生食或酿酒。根药用，治筋骨伤痛。

## 葛藟葡萄

### 葡萄科（Vitaceae）　　葡萄属（Vitis）

[学　　名]　*Vitis flexuosa* Thunb.

[别　　名]　葛藟、光叶葡萄、千岁藟、野葡萄

[形态特征]　落叶木质藤本。小枝有纵棱纹，幼枝疏被灰白色绒毛，卷须2叉分枝。叶卵形或三角状卵形，长2.5～12厘米，宽2.3～10厘米，顶端急尖或渐尖，基部浅心形或近截形，边缘有不整齐的锯齿，上面无毛，下面主脉和脉腋有柔毛；叶柄长1.5～7厘米，有灰白色蛛丝状绒毛。圆锥花序细长，长4～12厘米，总花梗（花序梗、花序轴）有白色丝状毛；花小，直径2毫米，黄绿色。浆果球形，直径0.8～1厘米，成熟时黑色。花果期3～11月。

[生境分布]　生于山地灌丛中。分布于华东、中南及云南、贵州、四川、陕西等地区。

[食药价值]　果生食或酿酒。根、茎和果实药用，治关节酸痛。

　　同属植物秋葡萄（*V.romanetii*），小枝有显著粗棱纹，密被短柔毛和有柄腺毛；卷须2～3分枝。叶卵圆形或阔卵圆形，长5.5～16厘米，宽5～13.5厘米，微5裂或不裂，基部深心形，边缘有粗锯齿。果直径7～8毫米。

　　蘡薁（*V.bryoniifolia*），叶片3～7深裂或浅裂，稀不裂。果直径5～8毫米。

　　秋葡萄和蘡薁果实均可食用、酿酒。

## 乌蔹莓

### 葡萄科（Vitaceae） 乌蔹莓属（Cayratia）

[学　　名] *Cayratia japonica*（Thunb.）Gagnep.

[别　　名] 五爪龙、虎葛

[形态特征] 多年生草质藤本。小枝有纵棱纹，无毛或微被疏柔毛。卷须 2～3 叉分枝；鸟足状复叶；小叶 5，椭圆形至狭卵形，长 2.5～7 厘米，顶端急尖或短渐尖，边缘有疏锯齿，两面中脉具毛，中间小叶较大，侧生小叶较小；叶柄长 1.5～10 厘米。聚伞花序腋生，具长梗；花小，黄绿色；花萼碟形；花瓣 4 片，三角状宽卵形；雄蕊 4 枚，与花瓣对生；子房下部与花盘合生。浆果近球形，直径约 1 厘米，成熟时黑色。花果期 3～11 月。

[生境分布] 生于路边草丛或山坡灌丛中。分布于华东、中南和云南、贵州、四川等地区。

[食药价值] 嫩叶可食。全草入药，有凉血解毒、利尿消肿的功效。

## 省沽油

### 省沽油科（Staphyleaceae） 省沽油属（Staphylea）

[学　　名] *Staphylea bumalda* DC.

[别　　名] 水条、雨花菜、珍珠花

[形态特征] 落叶灌木，高达 5 米。树皮紫红色或灰褐色；枝条青白色。3 小叶复叶，对生；叶柄长 2.5～3 厘米；小叶椭圆形或卵圆形，长 3.5～8 厘米，宽 2～5 厘米，先端锐尖，基部楔形或圆形，边缘有细锯齿，下面青白色，主脉及侧脉有短毛；顶生小叶柄长 0.5～1 厘米，两侧小叶柄长 1～2 毫米。圆锥花序顶生，直立；萼片带黄白色；花瓣 5 片，白色，较萼片稍大。蒴果膀胱状，扁平，2 室，先端 2 裂；种子黄色，有光泽。花果期 4～9 月。

[生境分布] 生于路旁、山地或丛林中。分布于东北及河北、山西、浙江、湖北、安徽等地区。

[食药价值] 含花苞嫩叶可食。省沽油的花及嫩叶含丰富的氨基酸和维生素，具有很高的营养价值和保健作用，可素炒、炖肉、做汤，是良好的火锅料菜。雨花菜是安徽宿松县特产。果、根入药，治干咳、妇女产后瘀血不尽。

## 栾树

### 无患子科（Sapindaceae）　　栾（树）属（*Koelreuteria*）

[学　　名]　*Koelreuteria paniculata* Laxm.

[别　　名]　木栾、栾华、木栏牙、灯笼树

[形态特征]　落叶乔木或灌木，高达 10 米。树皮灰褐色，老时纵裂；小枝有柔毛或无毛。奇数羽状复叶，一回、不完全二回或偶为二回羽状复叶，长可达 50 厘米；小叶 7～18 片，纸质，卵形或卵状披针形，长 3～10 厘米，宽 3～6 厘米，边缘具锯齿或羽状分裂。聚伞圆锥花序顶生，广展，长 25～40 厘米，有柔毛；花淡黄色，中心紫色；萼片 5 片，有缘毛；花瓣 4 片，长 5～9 毫米，向外反折；雄蕊 8 枚。蒴果圆锥形，具 3 棱，长 4～6 厘米，顶端渐尖，果瓣卵形；种子圆形，黑色。花果期 6～10 月。

[生境分布]　生于杂木林或灌木林中。分布于东北、华北、华东、西南及陕西、甘肃等地区，常见栽培。

[食药价值]　嫩芽可食。根、花药用，疏风清热，止咳。

## 苦条枫

### 无患子科（Sapindaceae）　　槭属（*Acer*，原槭树科）

[学　　名]　*Acer tataricum* subsp. *theiferum*（W. P. Fang）Y. S. Chen & P. C. de Jong

[别　　名]　苦茶槭、苦津茶、银桑叶

[形态特征]　落叶灌木或小乔木，高 5～6 米。树皮灰色，粗糙；当年生枝绿色或紫绿色。单叶对生，薄纸质，叶片卵形或椭圆状卵形，长 5～8 厘米，宽 2.5～5 厘米，不裂或不明显 3～5 裂，顶端渐尖，基部圆形或近心形，边缘有不规则的锐尖重锯齿，下面有白色疏柔毛；叶柄长 4～5 厘米。伞房花序顶生，长 3 厘米，有白色疏柔毛；花杂性；萼片 5，边缘有长柔毛；花瓣 5 片，白色；雄蕊 8 枚，着生于花盘内；子房有疏柔毛，花柱无毛，柱头 2 裂。翅果长 2.5～3.5 厘米；两翅直立成锐角。花果期 5～9 月。

[生境分布]　生于低海拔的丛林中。分布于华东、华中地区。

[食药价值]　嫩叶烘干后可代茶（湖北罗田称观音茶），有降血压的作用。

# 盐肤木

## 漆树科（**Anacardiaceae**） 盐肤木属（*Rhus*）

[学　　名]　*Rhus chinensis* Mill.

[别　　名]　五倍子树、五倍子、盐肤子

[形态特征]　落叶小乔木或灌木，高2～10米。小枝棕褐色，被锈色柔毛。奇数羽状复叶，互生，叶轴具叶状宽翅；小叶2～6对，卵形或椭圆状卵形，长6～12厘米，宽3～7厘米，边缘具粗锯齿，叶面暗绿色，叶背粉绿色，被白粉和锈色柔毛。圆锥花序顶生，多分枝；花小，杂性，白色；萼片5～6片，花瓣5～6片。核果扁球形，直径约5毫米，成熟时红色。花果期8～10月。

[生境分布]　生于向阳山坡、沟谷、疏林或灌丛中。除东北及内蒙古、新疆外，其余地区均有分布。

[食药价值]　嫩叶作野菜；果泡水代醋用。枝叶上寄生的五倍子（虫瘿）药用；根消炎、利尿。

# 南酸枣

## 漆树科（**Anacardiaceae**） 南酸枣属（*Choerospondias*）

[学　　名]　*Choerospondias axillaris*（Roxb.）Burtt et Hill

[别　　名]　山枣、山枣子、五眼果

[形态特征]　落叶乔木，高8～20米。树皮灰褐色，纵裂呈片状剥落。奇数羽状复叶互生，长25～40厘米；叶柄长5～10厘米；小叶3～6对，卵形或卵状披针形，长4～12厘米，宽2～4.5厘米，先端长渐尖，基部多少偏斜，宽楔形，全缘或幼叶具粗锯齿，两面无毛，稀叶背脉腋被毛。花杂性异株，雄花和假两性花组成圆锥花序，雌花单生于上部叶腋。萼片、花瓣各5片，雄蕊10枚；子房5室。核果椭圆状球形，成熟时黄色，长2.5～3厘米，果核顶端具5个小孔。花果期3～10月。

[生境分布]　生于山坡、丘陵或沟谷林中。分布于中南及浙江、福建、江西、云南、贵州等地区。江西崇义县为"中国南酸枣之乡"。

[食药价值]　果可生食、酿酒或制作南酸枣糕。树皮、果入药，有消炎解毒、止血止痛之效，主治烫伤。果核可做手串。它有一个既符合自身五眼的特征又充满佛教文化的名字——五眼六通。在我国民间，南酸枣果核也有着"五福临门"的吉兆寓意，所以人们喜欢将其制成饰品佩戴。

　　南酸枣糕制作工艺详见 http://www.tudou.com/programs/view/tEcLqLNN3sA/。

# 黄连木

## 漆树科（Anacardiaceae）　　黄连木属（*Pistacia*）

［学　　名］　*Pistacia chinensis* Bunge
［别　　名］　黄儿茶、黄连茶
［形态特征］　落叶乔木，高达 20 余米。树皮暗褐色，呈鳞片状剥落；冬芽红色，有特殊气味；小枝有柔毛。偶数羽状复叶互生；小叶 5～6 对，披针形或卵状披针形，长 5～10厘米，宽约 1.5～2.5 厘米，先端渐尖，基部偏斜，全缘，两面沿中脉和侧脉被微柔毛或近无毛。雌雄异株，先花后叶，圆锥花序腋生；雄花序排列紧密，长 6～7 厘米，雌花序疏松，长 15～20 厘米；花小，无花瓣。核果倒卵圆形，直径约 5 毫米，成熟时紫红色。花果期 3～11 月。
［生境分布］　生于平原、山林中。分布于长江中下游及河北、河南、陕西、山东等省。
［食药价值］　嫩叶可食，并可代茶，鲜叶可提取芳香油。嫩叶、芽和雄花序是上等绿色蔬菜，清香、脆嫩，鲜美可口，炒、煎、蒸、腌、凉拌、做汤均可。树皮及叶入药，幼嫩叶芽性寒味苦，有解毒、止渴、明目之功效。

# 香椿

## 楝科（Meliaceae）　　香椿属（*Toona*）

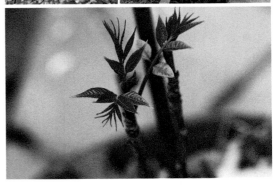

［学　　名］　*Toona sinensis*（A. Juss.）Roem.
［别　　名］　椿、春阳树、春甜树、椿芽
［形态特征］　落叶乔木。树皮深褐色，片状剥落。偶数羽状复叶，长 30～50 厘米或更长，有特殊气味；小叶 8～10对，纸质，卵状披针形或卵状长椭圆形，长 9～15 厘米，宽2.5～4 厘米，基部不对称，全缘或有疏离小锯齿，两面均无毛；叶柄长。圆锥花序顶生；花芳香，花萼 5 齿裂或浅波状；花瓣 5 片，白色，长圆形；雄蕊 10 枚，其中 5 枚能育，5 枚退化；子房有沟纹 5 条。蒴果狭椭圆形，长 2～3.5 厘米，5 瓣裂开；种子椭圆形，上端有膜质长翅。花果期 6～12 月。
［生境分布］　常生于村边、路边及宅旁。分布于华北至东南和西南各省。四川大竹县享有"中国香椿第一县"的美誉。
［食药价值］　嫩芽称香椿头，芳香可口，供蔬食。根皮及果入药，有收敛止血、去湿止痛之效。
　　注意区别于苦木科臭椿（*Ailanthus altissima*），别名樗。奇数羽状复叶，小叶 13～27 枚；小叶基部两侧各具 1 或 2个粗锯齿，齿背有腺体。翅果。仅供药用。

## 野花椒

### 芸香科（Rutaceae）　　花椒属（*Zanthoxylum*）

[学　　名]　*Zanthoxylum simulans* Hance
[别　　名]　刺椒、大花椒、香椒
[形态特征]　落叶灌木，高 1～2 米。枝干散生基部宽而扁的锐刺及白色皮孔。奇数羽状复叶，互生，叶轴边缘有狭翅和长短不等的皮刺；小叶 5～15 片，对生，厚纸质，近于无柄，卵形或卵状椭圆形，长 2.5～7 厘米，宽 1.5～4 厘米，边缘具细钝齿，两面均有透明油腺点，上面密生短刺刚毛。聚伞状圆锥花序顶生，长 1～5 厘米；花单性，花被片 5～8 片，1 轮，淡黄绿色；雄花雄蕊 5～10 枚，雌花具 2～3 枚心皮。蓇葖果红褐色，密被微凸油腺点；种子近球形，黑色。花果期 3～9 月。

[生境分布]　生于低山丘陵或山地林下。分布于长江以南及河南、河北等地。

[食药价值]　嫩芽可食；叶和果作食品调味料。果实、叶、根供药用，为散寒健胃药，有止吐泻和利尿作用。

## 竹叶花椒

### 芸香科（Rutaceae）　　花椒属（*Zanthoxylum*）

[学　　名]　*Zanthoxylum armatum* DC.
[别　　名]　竹叶椒、万花针、崖椒
[形态特征]　半常绿灌木或落叶小乔木，高 3～5 米。小枝基部具宽而扁皮刺，红褐色。奇数羽状复叶，叶轴具翅，下面有时具皮刺，无毛；小叶 3～11 片，对生，常披针形，长 3～12 厘米，宽 1～3 厘米，叶缘常疏生浅齿，齿间或沿叶缘具油腺点，叶背面基部中脉两侧具簇生柔毛，中脉常被小刺。聚伞状圆锥花序腋生或生于侧枝之顶；花单性，花被片 6～8 片，淡黄色；雄花具 5～6 枚雄蕊，雌花有 2～3 枚心皮。蓇葖果紫红色，疏生微凸油腺点。花果期 4～10 月。

[生境分布]　生于低山疏林下、灌丛中及石灰岩山地。分布于东南至西南地区，北至秦岭。
[食药价值]　嫩芽可食，果作花椒代品；果实、枝叶可提取芳香油。全株入药，有祛风散寒、行气止痛之效。

# 椿叶花椒

## 芸香科（Rutaceae）　　花椒属（*Zanthoxylum*）

[学　名]　*Zanthoxylum ailanthoides* Sieb. et. Zucc.

[别　名]　樗叶花椒、刺葱、食茱萸、鼓钉树

[形态特征]　落叶乔木，高达 15 米。树干具基部宽达 3 厘米、长 2～5 毫米鼓钉状锐刺；幼枝髓部常中空。总花梗（花序梗、花序轴）及小枝顶部常散生短直刺，各部无毛。奇数羽状复叶，小叶 11～27 片，对生，长披针形或近卵形，长 7～18 厘米，宽 2～6 厘米，叶缘有明显裂齿，油点密，叶背被灰白色粉霜，上面中脉凹下，侧脉 11～16 对。伞房状圆锥花序顶生，多花；萼片 5 片；花瓣 5 片，淡黄白色；雄花具 5 枚雄蕊，雌花心皮 3～4 枚。蓇葖果淡红褐色，油腺点多，干后凹陷。花果期 8～12 月。

[生境分布]　常生于山地林中或路旁潮湿地。分布于长江以南地区。

[食药价值]　嫩叶可食；果实可用作调香原料。根、树皮入药，有祛风湿、通经络、活血的功效。

# 酢浆草

## 酢浆草科（Oxalidaceae）　　酢浆草属（*Oxalis*）

[学　名]　*Oxalis corniculata* L.

[别　名]　鸠酸、酸醋酱、酸味草

[形态特征]　多年生草本，高 10～35 厘米，全株被柔毛。茎细弱，多分枝，常平卧，节上生不定根。3 小叶复叶，小叶无柄，倒心形，长 0.4～1.6 厘米，宽 0.4～2.2 厘米，先端凹入；叶柄长 1～13 厘米。花 1 至数朵组成腋生的伞形花序，总花梗（花序梗、花序轴）与叶柄近等长；花黄色，长 0.8～1 厘米；萼片 5 片，披针形；花瓣 5 片，长圆状倒卵形；雄蕊 10 枚，5 长 5 短，花丝基部合生成筒；子房 5 室，柱头 5 裂。蒴果长圆柱形，长 1～2.5 厘米，有 5 棱。种子长卵形，褐色或红棕色，具网纹。花果期 2～9 月。

[生境分布]　生于旷地或田边。广布全国。

[食药价值]　嫩茎叶作野菜。全草入药，能解热利尿、消肿散瘀。

## 刺楸

### 五加科（**Araliaceae**）　　刺楸属（***Kalopanax***）

[学　　名]　*Kalopanax septemlobus*（Thunb.）Koidz.

[别　　名]　鼓钉刺、刺枫树、刺桐、辣枫树

[形态特征]　落叶乔木，高达 30 米。树皮暗灰棕色；树干及枝具鼓钉状扁刺。叶片纸质，在长枝上互生，短枝上簇生，圆形或近圆形，直径 9～25 厘米或更大，掌状 5～7 裂，裂片宽三角状卵形至长圆状卵形，先端渐尖，基部心形，边缘有细锯齿；叶柄长 8～50 厘米。伞形花序聚生为顶生圆锥花序，长 15～25 厘米；花白色或淡绿黄色；花萼边缘有 5 齿；花瓣 5 片；雄蕊 5 枚；花丝较花瓣长 1 倍以上；子房下位，2 室；花柱 2 根，合生成柱状，先端分离。果实球形，直径约 5 毫米，蓝黑色。花果期 7～12 月。

[生境分布]　生于山地疏林中。分布于东北、华北、中南和西南地区。

[食药价值]　嫩叶可食。根皮、枝入药，有清热祛痰、收敛镇痛之效。

## 细柱五加

### 五加科（**Araliaceae**）　　五加属（***Eleutherococcus***）

[学　　名]　*Eleutherococcus nodiflorus*（Dunn）S. Y. Hu

[别　　名]　五加、五加皮、五叶路刺、白簕树

[形态特征]　落叶灌木，高 2～3 米。枝灰棕色，蔓生状，节上常疏生反曲扁刺。掌状复叶在长枝上互生，在短枝上簇生；叶柄长 3～8 厘米，常有细刺；小叶 3～5，小叶片倒卵形至披针形，长 3～8 厘米，宽 1～3.5 厘米，先端尖或短渐尖，基部楔形，边缘有钝细锯齿，两面无毛或沿脉疏生刚毛，下面脉腋有淡棕色毛。伞形花序 1～2 腋生，或单生于短枝上；花黄绿色；花萼近全缘或有 5 小齿；花瓣 5 片；雄蕊 5 枚；子房下位，2 室；花柱 2 根，分离或基部合生。果实扁球形，直径 5～6 毫米，熟时黑色。花果期 4～10 月。

[生境分布]　生于灌丛、林缘、山坡路旁。分布于华东、中南和西南地区。

[食药价值]　嫩芽可食。根皮药用，中药称"五加皮"，泡酒制五加皮酒，有舒筋活血、祛风湿的功效。

　　同属植物刺五加（*E.senticosus*）、无梗五加（*E.sessiliflorus*）及藤五加（*E.leucorrhizus*）等的嫩芽均可作野菜。

# 楤木

## 五加科（Araliaceae）    楤木属（Aralia）

[学　　名]　*Aralia elata*（Miq.）Seem.
[别　　名]　辽东楤木、刺龙牙、刺老鸦、湖北楤木
[形态特征]　落叶灌木或小乔木，高 1.5～6 米。树皮灰色；小枝灰棕色，生多数细刺。二至三回羽状复叶，长 40～80 厘米；叶柄长 20～40 厘米；叶轴和羽片轴基部常有短刺；羽片具小叶 7～11 片，基部有小叶 1 对；小叶片阔卵形至椭圆状卵形，长 5～15 厘米，宽 2.5～8 厘米，上面绿色，下面灰绿，无毛或两面脉上有毛，边缘疏生锯齿。圆锥花序长 30～45 厘米，伞房状；花序及总花梗（花序梗、花序轴）密生短柔毛；花梗（花柄）长 6～7 毫米；花黄白色；花萼 5 齿；花瓣 5 片，花时反曲；子房下位，5 室；花柱 5 根。果实球形，直径 4 毫米，熟时黑色，有 5 棱。花果期 6～10 月。
[生境分布]　生于林缘或林中。分布于东北、华东、中南及四川、陕西、贵州等地区。
[食药价值]　嫩芽可食。树皮入药，为利尿剂，治糖尿病等。
　　同属植物黄毛楤木（*A.chinensis*），别名鹊不踏。小枝有黄棕色绒毛，疏生细刺。嫩芽可以作野菜。

# 积雪草

## 伞形科（Apiaceae）    积雪草属（Centella）

[学　　名]　*Centella asiatica*（L.）Urban
[别　　名]　崩大碗、雷公根、大金钱草、老鸦碗、铜钱草
[形态特征]　多年生草本。茎匍匐，细长，节上生根。单叶互生，圆形、肾形或马蹄形，直径 1～5 厘米，基部深心形，边缘有宽钝齿，具掌状脉；叶柄长 1.5～27 厘米，基部鞘状；无托叶。伞形总花梗（花序梗、花序轴）单生或 2～4 个腋生，每一伞形花序有花 3～4 朵，紫红色或乳白色；总花梗长 0.2～1.5 厘米；苞片 2～3 片，卵形；花梗（花柄）极短。双悬果扁圆形，长 2.1～3 毫米，宽 2.2～3.6 毫米，主棱和次棱明显，主棱间有隆起的网纹相连。花果期 4～10 月。
[生境分布]　喜生于阴湿的草地或水沟边。分布于华东、中南及云南、四川等地区。
[食药价值]　嫩茎叶可作野菜。全草供药用，有清热解毒、止血、利尿及活血祛瘀的功效。
　　注意与下面植物的区别：
　　天胡荽属天胡荽（*Hydrocotyle sibthorpioides*），植株有气味。叶片不分裂或 5～7 裂；叶柄长 0.7～9 厘米，有托叶。伞形花序与叶对生，单生于节上；花瓣绿白色。
　　红马蹄草（*H.nepalensis*），叶片常 5～7 浅裂，裂片有钝

锯齿；叶柄长 4～27 厘米；托叶膜质。伞形花序数个簇生于茎端叶腋；每一伞形花序有花 20～60 朵。
　　唇形科活血丹（*Glechoma longituba*），茎四棱形；单叶对生。轮伞花序通常 2 朵花，花冠唇形。
　　旋花科马蹄金（*Dichondra micrantha*），叶全缘；叶柄长 1.5～6 厘米。花单生叶腋；花冠钟状，黄色。

# 变豆菜

## 伞形科（Apiaceae）　　变豆菜属（*Sanicula*）

[学　　名]　*Sanicula chinensis* Bge.

[别　　名]　鸭脚板、蓝布正、山芹菜

[形态特征]　多年生草本，高达 1 米。茎直立，无毛，有纵沟纹，上部重复叉状分枝。基生叶近圆形至圆心形，常 3 全裂，中裂片倒卵形，长 3～10 厘米，宽 4～13 厘米，无柄或有极短柄，侧裂片深裂，边缘具尖锐重锯齿；叶柄长 7～30 厘米；茎生叶 3 深裂。伞形花序二至三回二歧（叉）分枝；总苞片叶状，3 裂或近羽状分裂；伞幅 2～3 个；小总苞片 8～10 片，卵状披针形或条形；小伞形花序有花 6～10 朵，雄花 3～7 朵，两性花 3～4 朵；花白色或绿白色。双悬果圆卵形，长 4～5 毫米，密生顶端具钩的直立皮刺。花果期 4～10 月。

[生境分布]　生于阴湿的山坡林下、园边及溪边草丛中。分布几遍全国。

[食药价值]　幼苗、嫩茎叶可食，开水焯后换清水浸泡，炒食、凉拌、蘸酱或做馅均可。药用，清热解毒，治咽痛、咳嗽、疮痈肿毒。

明党参属植物明党参（*Changium smyrnioides*），基生叶为三出式的 2～3 回羽状全裂；叶柄长 3～15 厘米。其嫩茎叶在江苏民间作为风味野菜食用。

峨参属峨参（*Anthriscus sylvestris*），基生叶柄长 5～20 厘米；叶片 2 回羽状分裂。在东北地区常作野菜。

# 鸭儿芹

## 伞形科（Apiaceae）　　鸭儿芹属（*Cryptotaenia*）

[学　　名]　*Cryptotaenia japonica* Hassk.

[别　　名]　鸭脚板、鸭脚芹

[形态特征]　多年生草本，高 0.2～1 米。全株无毛；茎叉状分枝。基生叶及茎下部叶三角形，宽 3～17 厘米，三出复叶，中间小叶菱状倒卵形，长 2～14 厘米，宽 1.5～10 厘米；侧生小叶斜卵形，边缘有不规则尖锐重锯齿或 2～3 浅裂；叶柄长 5～20 厘米，基部成鞘抱茎；茎顶部的叶无柄，小叶披针形。复伞形花序呈圆锥状；总苞片 1 片，伞幅 2～3 个；小总苞片 1～3 片；小伞形花序有花 2～4 朵；花白色。双悬果条状长圆形，长 4～6 毫米，宽 2～2.5 毫米。花果期 4～10 月。

[生境分布]　生于林下阴湿处。分布于华东、中南及河北、山西、陕西、甘肃、云南、贵州、四川等地区。

[食药价值]　嫩茎叶可食。全草入药，治虚弱、尿闭及肿毒等。

## 异叶茴芹

### 伞形科（Apiaceae）　　茴芹属（*Pimpinella*）

[学　　名]　*Pimpinella diversifolia* DC.

[别　　名]　苦爹菜、鹅脚板、八月白

[形态特征]　多年生草本，高 0.3～2 米。茎直立，有条纹，被柔毛，中上部分枝。叶异形，基生叶和茎下部叶不裂或一至二回三出式羽状分裂，中裂片卵形，长 1.5～4 厘米，宽 1～3 厘米，顶端渐尖，侧裂片基部偏斜，边缘有圆锯齿；叶柄及叶鞘长 2～13 厘米；茎上部叶披针形，基部楔形。复伞形花序；常无总苞片，稀 1～5 个，条形；伞幅 6～30 个；小总苞片 1～8 片；小伞形花序有花 6～20 朵；花白色。双悬果球状卵形，长约 1 毫米，宽约 2 毫米，基部心形，侧扁，近无毛。花果期 5～10 月。

[生境分布]　生于山坡草丛中、沟边或林下。分布于华东、中南和西南地区。

[食药价值]　幼苗、嫩叶可食；果含芳香油，作调香原料。全草和根入药，有健胃、止泻、散瘀解毒之效。

## 线叶水芹

### 伞形科（Apiaceae）　　水芹属（*Oenanthe*）

[学　　名]　*Oenanthe linearis* Wall. ex DC.

[别　　名]　中华水芹、西南水芹、水芹菜

[形态特征]　多年生草本，高 30～60 厘米。植株无毛；茎直立，下部节上生不定根，上部分枝。叶柄长 1～3 厘米，叶鞘短；叶一至二回羽裂；基部叶末回裂片卵形，长 1 厘米，边缘分裂；茎上部叶末回裂片线形，长 5～8 厘米，宽 2.5～3 厘米，基部楔形，顶端渐尖，全缘。复伞形花序顶生和腋生，总花梗（花序梗、花序轴）长 2～10 厘米，总苞片 1 片或无；伞幅 6～12 个；小总苞片少数，线形；每小伞形花序多花；花白色。双悬果长圆形，长 2 毫米，宽 1.5 毫米。花果期 5～10 月。

[生境分布]　生于水边、山坡林下或溪边潮湿地。分布于云南、贵州、四川、福建、浙江、湖南和广西等地区。

[食药价值]　嫩茎叶是野生蔬菜。药用价值同水芹，对治疗高血压有很好的辅助疗效。

# 水芹

## 伞形科（Apiaceae）　　　水芹属（*Oenanthe*）

[学　　名]　*Oenanthe javanica*（Bl.）DC.

[别　　名]　水芹菜、野芹菜

[形态特征]　多年生草本，高 15～80 厘米。茎直立或基部匍匐；基生叶三角形，一至二回羽状分裂，末回裂片卵形至菱状披针形，长 2～5 厘米，宽 1～2 厘米，边缘有不整齐尖齿或圆锯齿；叶柄长达 10 厘米；茎上部叶无柄，裂片和基生叶的裂片相似，较小。复伞形花序顶生；总花梗（花序梗、花序轴）长 2～16 厘米；无总苞；伞幅 6～16 个；小总苞片 2～8 片，条形；小伞形花序有花 20 余朵；花白色。双悬果椭圆形或筒状长圆形，长 2.5～3 毫米，宽 2 毫米，果棱显著隆起。花果期 6～9 月。

[生境分布]　多生于浅水低洼地、池沼或水沟旁。分布于全国各地。

[食药价值]　嫩茎叶可作蔬菜。全草入药，有降低血压的功效。

　　注意区别于下列有毒植物：

　　毒芹属毒芹（*Cicuta virosa*），基生叶柄长 15～30 厘米；叶 2～3 回羽状分裂。分布于东北、华北、西北地区。

毛茛科石龙芮（*Ranunculus sceleratus*），一年生草本。聚伞花序有多数小花；花黄色。聚合果长圆形。

# 紫花前胡

## 伞形科（Apiaceae）　　　当归属（*Angelica*）

[学　　名]　*Angelica decursiva*（Miq.）Franch.et Sav.

[别　　名]　前胡、土当归、野当归

[形态特征]　多年生草本，高 1～2 米。根圆锥形，外表棕黄色，有强烈气味。茎中空，常为紫色，无毛。叶 3 裂或一至二回羽裂，末回裂片长卵形，长 5～15 厘米，宽 2～5 厘米，边缘有白色软骨质锯齿，下面绿白色，中脉带紫色；叶柄长 13～36 厘米，基部膨大成圆形的紫色叶鞘，抱茎；茎上部叶简化成囊状叶鞘。复伞形花序顶生和侧生；伞幅 10～22 个；总苞片 1～3 片，宽卵形，反折；小总苞片 3～8 片，线状披针形；花梗（花柄）多数，花深紫色。双悬果长圆形，长 4～7 毫米，宽 3～5 毫米，无毛。花果期 8～11 月。

[生境分布]　生于山坡林缘、溪边或疏灌丛中。分布于华东、中南及辽宁、河北、四川、陕西等地区。

[食药价值]　幼苗作野菜；果实可提制芳香油。根入药，为解热、镇咳、祛痰药，用于感冒、头痛等症。

# 野胡萝卜

## 伞形科（Apiaceae）　　　胡萝卜属（*Daucus*）

[学　　名]　*Daucus carota* L.

[别　　名]　鹤虱草、南鹤虱

[形态特征]　二年生草本，高 0.15～1.2 米。茎单生，全体有白色粗硬毛；根肉质，小圆锥形。基生叶长圆形，二至三回羽状全裂，末回裂片条形至披针形，长 2～15 毫米，宽 0.5～4 毫米；叶柄长 3～12 厘米。复伞形花序顶生；总花梗（花序梗、花序轴）长 10～55 厘米；总苞片多数，叶状，羽状分裂，裂片条形，反折；伞幅多数；小总苞片 5～7 片，线形，不裂或 2～3 裂；小伞形花序多花；花白色或淡红色。双悬果圆卵形，长 3～4 毫米，宽 2 毫米，棱上有白色刺毛。花果期 5～8 月。

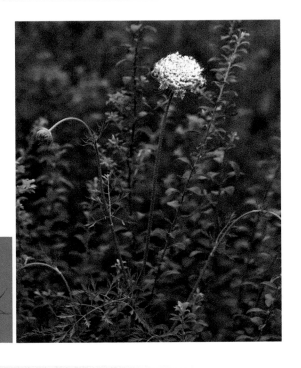

[生境分布]　生于路旁、荒野或田间。分布于安徽、江苏、浙江、江西、湖北、四川及贵州等省。

[食药价值]　嫩茎叶和根可食用。果实入药，有驱虫作用，又可提取芳香油。

# 荇菜

## 睡菜科（Menyanthaceae）　　　荇（莕）菜属（*Nymphoides*，原龙胆科）

[学　　名]　*Nymphoides peltata*（S. G. Gmel.）Kuntze

[别　　名]　莕菜、水荷叶、水葵

[形态特征]　多年生水生草本。茎多分枝，沉水。叶漂浮，圆形，近革质，长 1.5～7 厘米，基部心形，下面紫褐色，上部叶对生，下部叶互生；叶柄长 5～10 厘米，基部抱茎。花序束生于叶腋；花黄色，直径达 1.8 厘米，花梗（花柄）稍长于叶柄；花萼 5 深裂，裂片卵圆状披针形；花冠 5 深裂，喉部具毛，裂片卵圆形，钝尖，边缘具齿毛；雄蕊 5 枚；子房基部具 5 蜜腺，花柱瓣状 2 裂。蒴果长椭圆形，直径 2.5 厘米；种子边缘具纤毛。花果期 4～10 月。

[生境分布]　生于池沼、湖泊、稻田或不甚流动的河溪中。广布于我国南北各地。

[食药价值]　根茎、嫩叶均可食用。全草入药，能清热利尿、消肿解毒。

　　荇菜与下列植物在生境、叶形等方面相似，注意区分：

　　同属植物金银莲花（*N.indica*）、水皮莲（*N.cristata*）的花冠均为白色。

　　泽泻科水金英（*Hydrocleys nymphoides*），别名水罂粟。伞形花序；小花具长柄，罂粟状；萼片 3，长椭圆形；花瓣 3，扇形。

# 枸杞

## 茄科（Solanaceae）　　枸杞属（*Lycium*）

[学　　名]　*Lycium chinense* Mill.

[别　　名]　枸杞菜、狗奶子、中华枸杞

[形态特征]　落叶灌木，高 0.5～2 米。茎多分枝，枝细长，常弯曲下垂，有棘刺。单叶互生或簇生于短枝上，卵形、卵状菱形或卵状披针形，长 1.5～5 厘米，宽 0.5～2.5 厘米，全缘；叶柄长 0.4～1 厘米。花常 1～2 朵生于长枝叶腋，在短枝上同叶簇生；花梗（花柄）细，长 1～2 厘米；花萼钟状，长 3～4 毫米，3～5 裂；花冠漏斗状，长 0.9～1.2 厘米，淡紫色，裂片有缘毛；雄蕊 5 枚，花丝基部密生绒毛。浆果卵状，长 0.7～1.5 厘米，红色。花果期 6～11 月。

[生境分布]　常生于山坡荒地、路边及宅旁。广布于全国各地。

[食药价值]　嫩茎叶作蔬菜。果实功用同宁夏枸杞（*L.bar-barum*）；根皮（中药称地骨皮），有解热止咳之效。

# 酸浆

## 茄科（Solanaceae）　　酸浆属（*Physalis*）

[学　　名]　*Physalis alkekengi* L.

[别　　名]　泡泡草、灯笼草、红姑娘

[形态特征]　多年生草本，高 40～80 厘米。基部常匍匐生根，茎节不甚膨大，常被有柔毛。叶互生或假对生，长卵形至菱状卵形，长 5～15 厘米，宽 2～8 厘米，顶端渐尖，基部偏斜，全缘、波状或有粗齿，两面被柔毛；叶柄长 1～3 厘米。花单生于叶腋；花萼钟状，长 6 毫米，有柔毛，5 裂；花冠辐状，白色，直径 1.5～2 厘米，外面有短柔毛。浆果球形，橙红色，直径 1～1.5 厘米，被膨大的宿萼所包；宿萼卵形，长 2.5～4 厘米，直径 2～3.5 厘米，基部内凹，顶端闭合，橙红色。花果期 5～10 月。

[生境分布]　常生于村边、路旁及荒地。广布于全国各地，亦普遍栽培。

[食药价值]　果可生食、制饮料和果酒。宿萼及果药用，可清热解毒、消肿。

变种挂金灯（*Physalis alkekengi* var. *franchetii*），茎较粗壮，茎节膨大；叶仅叶缘有短毛。

毛酸浆（*P.philadelphica*），茎生柔毛，常多分枝，分枝毛较密。花冠淡黄色，喉部具紫色斑纹。

灯笼果（*P.peruviana*），茎直立，不分枝或少分枝，密生短柔毛。

以上三者果实均可食用。

## 打碗花

旋花科（Convolvulaceae）　　　打碗花属（*Calystegia*）

[学　　名]　*Calystegia hederacea* Wall.

[别　　名]　小旋花、兔耳草

[形态特征]　一年生草本，高8～40厘米。茎蔓性，缠绕或匍匐分枝，全株无毛。叶互生，具长柄，基部叶长圆形，长2～5.5厘米，宽1～2.5厘米，先端圆，基部戟形；茎上部叶3裂，侧裂片常2裂，中裂片长圆形或长圆状披针形；叶柄长1～5厘米。花单生叶腋，花梗（花柄）长2.5～5.5厘米；苞片2片，卵圆形，长0.8～1.6厘米，包被花萼，宿存；萼片长圆形；花冠漏斗状，淡紫色或淡红色，长2～4厘米。蒴果卵圆形，光滑；种子黑褐色。花果期5～9月。

[生境分布]　多生于田野、路旁和草丛中。广布于全国各地。

[食药价值]　嫩茎叶、根状茎可食。全草入药，调经活血，滋阴补虚。

　　春夏采摘嫩茎叶或挖根状茎，焯水后可拌、炖、炒、烧，做汤或煮粥。便溏泻稀者不宜多食。

## 附地菜

紫草科（Boraginaceae）　　　附地菜属（*Trigonotis*）

[学　　名]　*Trigonotis peduncularis*（Trev.）Benth. ex Baker et Moore

[别　　名]　地胡椒、伏地菜、黄瓜香

[形态特征]　一年生草本，高5～30厘米。茎1至数条，直立或斜升，基部多分枝，被短糙伏毛。基生叶呈莲座状，有长柄；叶片匙形，长2～5厘米，宽1.5厘米，两面有短糙伏毛。茎上部叶长圆形或椭圆形，有短柄或无柄。花序顶生，长达20厘米，基部有2～3片叶状苞片；花梗（花柄）长3～5毫米；花萼5深裂，裂片卵形；花冠淡蓝或粉色，5裂，喉部附属物5个，黄色；雄蕊5枚，内藏；子房4裂。小坚果4枚，三角状四边形，长0.8～1毫米，有短毛或无毛。花果期4～7月。

[生境分布]　生于平原、丘陵草地或林边。分布几遍全国。

[食药价值]　嫩叶供食用。全草入药，能温中健胃、消肿止痛、止血。

## 豆腐柴

### 唇形科（Lamiaceae） 豆腐柴属（*Premna*，原马鞭草科）

[学　　名] *Premna microphylla* Turcz.

[别　　名] 豆腐草、腐婢、观音草、臭黄荆

[形态特征] 落叶灌木，高2米左右。幼枝有柔毛，后脱落。叶揉之有臭味，卵状披针形、椭圆形或倒卵形，长3～13厘米，宽1.5～6厘米，顶端急尖至长渐尖，基部渐狭下延，全缘以至不规则的粗齿，无毛或有短柔毛；叶柄长0.5～2厘米。聚伞圆锥花序顶生；花萼绿色，有时带紫色，杯状，有腺点，边缘有睫毛，5浅裂，近2唇形；花冠淡黄色，外有柔毛和腺点。核果紫色，球形至倒卵形。花果期5～10月。

[生境分布] 生于山坡林下或林缘。分布于华东、中南和西南地区。

[食药价值] 叶富含果胶，可制观音豆腐。根、茎及叶入药，清热解毒，消肿止血。

　　同属植物狐臭柴（*P.puberula*），别名长柄臭黄荆、神仙豆腐柴。叶片纸质至坚纸质，卵状椭圆形、卵形或长圆状椭圆形，通常全缘或上半部有波状深齿、锯齿或深裂。叶制凉粉食用。根、叶入药，治月经不调、清湿热解毒；皮煮水治牙痛。

## 大青

### 唇形科（Lamiaceae） 大青属（*Clerodendrum*，原马鞭草科）

[学　　名] *Clerodendrum cyrtophyllum* Turcz.

[别　　名] 臭冲柴、路边青

[形态特征] 落叶灌木或小乔木，高1～10米。幼枝被短柔毛，枝内髓部色白而坚实。叶片纸质，长椭圆形至卵状椭圆形，长6～20厘米，宽3～9厘米，顶端尖或渐尖，基部圆形或宽楔形，常全缘，无毛，背面常有腺点；叶柄长1～8厘米。伞房状聚伞花序，顶生或腋生；花小，有柑橘香味；花萼杯状，长约3毫米，结果时增大，变紫红色；花冠白色，花冠筒长约1厘米，顶端5裂，裂片长约5毫米。核果球形或倒卵形，直径0.5～1厘米，成熟时蓝紫色，为红色宿萼所包。花果期6月至翌年2月。

[生境分布] 生于丘陵、平原、林边及路旁。分布于华东、中南和西南地区。

[食药价值] 嫩茎叶可食。根、叶入药，有凉血、清热解毒、利尿之效。

## 藿香

### 唇形科（Lamiaceae）　　　藿香属（Agastache）

[学　　名]　*Agastache rugosa*（Fisch. et Mey.）O. Ktze.

[别　　名]　合香、排香草、青茎薄荷、大薄荷

[形态特征]　多年生直立草本，高 0.5～1.5 米。茎四棱形，上部被极短的细毛。单叶对生，叶片心状卵形至长圆状披针形，长 4.5～11 厘米，宽 3～6.5 厘米，边缘具粗齿；叶柄长 1.5～3.5 厘米。轮伞花序多花，组成顶生的假穗状花序；苞片披针状条形；花萼紫色，管状倒圆锥形，长约 6 毫米，被腺毛及黄色小腺体；萼齿 5 个，三角状披针形，前 2 齿稍短；花冠淡紫蓝色，长约 8 毫米，上唇先端微凹，下唇 3 裂，中裂片最大，边缘波状；雄蕊 4 枚，2 强；花盘厚环状；花柱 2 裂。小坚果卵状长圆形，腹面具棱，顶端具短硬毛，褐色。花果期 6～11 月。

[生境分布]　生于路边、田野、林下、山坡及沟旁。全国各地广泛分布，常见栽培。

[食药价值]　嫩茎叶可食，茎叶富含挥发性芳香油；果可作香料。全草入药，芳香健胃，清凉退热。有止呕吐、驱逐肠胃充气、清暑等功效。

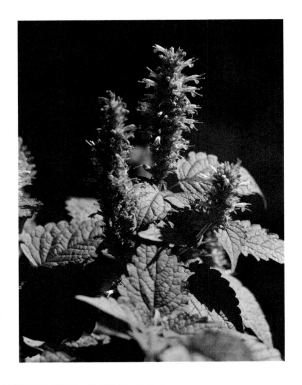

## 活血丹

### 唇形科（Lamiaceae）　　　活血丹属（Glechoma）

[学　　名]　*Glechoma longituba*（Nakai）Kupr.

[别　　名]　连钱草、金钱草、透骨消

[形态特征]　多年生上升草本，高 10～30 厘米。具匍匐茎，逐节生根；茎四棱形，基部通常呈淡紫红色，幼嫩部分被疏长柔毛。茎下部叶较小，心形或近肾形；上部叶较大，心形，长 1.8～2.6 厘米，宽 2～3 厘米，边缘具圆齿或粗锯齿状圆齿，上面被疏粗伏毛，下面常带紫色；叶柄长为叶片的 1.5 倍。轮伞花序少花；苞片刺芒状；花萼筒状，长 0.9～1.1 厘米，齿 5 个，卵状三角形，顶端芒状，呈 3/2 式二唇形，上唇 3 齿较长；花冠淡蓝色至紫色，下唇具深色斑点。小坚果长圆状卵形，长约 1.5 毫米，深褐色。花果期 4～6 月。

[生境分布]　生于疏林下、路旁、溪边等阴湿处。除西北及内蒙古外，其他地区均有分布。

[食药价值]　嫩茎叶作野菜。全草或茎叶入药，可治疗膀胱结石或尿路结石。

# 夏枯草

## 唇形科（Lamiaceae） 夏枯草属（*Prunella*）

[学　　名]　*Prunella vulgaris* L.

[别　　名]　欧夏枯草、麦穗夏枯草、夏枯球

[形态特征]　多年生上升草本，高 20～30 厘米。根茎匍匐，在节上生须根；茎自基部多分枝，钝四棱形，紫红色，被稀疏的糙毛或近于无毛。叶片卵状长圆形或卵圆形，长 1.5～6 厘米，宽 0.7～2.5 厘米；叶柄长 0.7～2.5 厘米。轮伞花序密集排列成顶生长 2～4 厘米的假穗状花序；苞片心形，具骤尖头；花萼钟状，长 1 厘米，二唇形，上唇扁平，顶端有 3 个不明显的短齿，下唇 2 裂，裂片披针形，果时花萼闭合；花冠紫、蓝紫或红紫色，长约 1.3 厘米，下唇中裂片宽大，边缘具流苏状小裂片；花丝二裂，一裂片具花药。小坚果长圆状卵形，黄褐色。花果期 4～10 月。

[生境分布]　生于荒坡、草地、溪边及路旁等潮湿地。分布几遍全国各地。

[食药价值]　嫩茎叶作野菜；叶可代茶（多种凉茶的配料）。全草入药，清肝、散结、利尿；还可治疗淋病。

　　"烧仙草"是流行于福建闽南及台湾地区的传统特色饮品，有清凉降火、美容养颜的功效。其制作主料是唇形科植物凉粉草（*Mesona chinensis*）：轮伞花序多数，组成间断或

近连续的顶生总状花序，长 2～13 厘米；花小，白色或淡红色。小坚果黑色。

# 野芝麻

## 唇形科（Lamiaceae） 野芝麻属（*Lamium*）

[学　　名]　*Lamium barbatum* Sieb. et Zucc.

[别　　名]　山苏子、野藿香

[形态特征]　多年生直立草本，高达 1 米。茎单生，四棱形，具浅槽，中空，几无毛。茎下部叶卵圆形或心脏形，长 4.5～8.5 厘米，宽 3.5～5 厘米，茎上部的叶卵圆状披针形，边缘有牙齿状锯齿，两面均被短硬毛；叶柄长达 7 厘米，向上渐短。轮伞花序 4～14 朵花，生于茎顶部叶腋内；苞片狭条形，具缘毛；花萼钟状，长约 1.5 厘米，齿 5，具缘毛；花冠白色或淡黄色，长约 2 厘米，冠筒内有毛环，上唇直伸，下唇 3 裂，中裂片倒肾形，先端深凹，基部急收缩，侧裂片浅圆裂片状，先端有一针状小齿；花药深紫色。小坚果倒卵形，淡褐色。花果期 4～8 月。

[生境分布]　生于路边、溪旁、田埂及荒坡。分布于东北、华北、华东、华中及四川、贵州等地区。

[食药价值]　嫩叶、花食用。全草入药，用于跌打损伤等；花治子宫及泌尿系统疾患。

## 益母草

**唇形科（Lamiaceae）　　益母草属（*Leonurus*）**

[学　　名]　*Leonurus japonicus* Houtt.

[别　　名]　益母蒿、益母花

[形态特征]　一至二年生草本，高 0.3～1.2 米。茎直立，钝四棱形，有倒向糙伏毛。叶轮廓变化很大，茎下部叶卵形，基部宽楔形，掌状 3 裂，其上再分裂，茎中部叶菱形，常分裂成 3 个或多个长圆状线形的裂片；花序最上部的苞叶条形，全缘或具疏齿；叶柄长 0.5～3 厘米至近无柄。轮伞花序腋生，具 8～15 花，小苞片刺状；花萼管状钟形，长 6～8 毫米，5 脉，齿 5 个，前 2 齿靠合；花冠粉红至淡紫红色，长 1～1.2 厘米，花冠筒内有毛环，冠檐二唇形，上唇外被柔毛，下唇 3 裂，中裂片倒心形。小坚果长圆状三棱形，淡褐色。花果期 6～10 月。

[生境分布]　多生于山野荒地、田埂、草地等阳处。分布于全国各地。

[食药价值]　嫩茎叶作野菜。全草入药，具有活血、祛瘀、调经的功效，多用于治疗妇科病。

## 甘露子

**唇形科（Lamiaceae）　　水苏属（*Stachys*）**

[学　　名]　*Stachys sieboldii* Miq.

[别　　名]　草石蚕、地牯牛、宝塔菜、螺蛳菜

[形态特征]　多年生草本，高 0.3～1.2 米。根状茎白色，节具鳞叶及须根，顶端有串珠状或螺蛳形肥大块茎。茎棱及节上被硬毛，叶片卵形或长椭圆状卵形，长 3～12 厘米，宽 1.5～6 厘米，边缘有圆齿状锯齿，两面被贴生短硬毛；叶柄长 1～3 厘米。轮伞花序通常 6 花，组成长 5～15 厘米顶生假穗状花序；小苞片条形，具微柔毛；花萼狭钟状，外被具腺柔毛，10 脉，齿 5 个；花冠粉红至紫红色，筒内具毛环，上唇长圆形，直伸，下唇有紫斑，3 裂，中裂片近圆形。小坚果卵球形，黑褐色，具小瘤。花果期 7～9 月。

[生境分布]　生于潮湿地和积水处。原产华北和西北，现各地有栽培。

[食药价值]　块茎供食用，宜作酱菜或泡菜。全草入药，治肺炎、风热感冒。

　　同属植物地蚕（*S.geobombycis*），叶长 4.5～8 厘米，宽 2.5～3 厘米；叶柄长 1～4.5 厘米。轮伞花序 4～6 花。

　　蜗儿菜（*S.arrecta*），叶长 2.5～6.5 厘米，宽 1.5～3 厘米；

叶柄长 0.5～1.5 厘米。轮伞花序 2～6 花。地蚕和蜗儿菜的肉质根茎均可食用。

# 丹参

## 唇形科（Lamiaceae） 鼠尾草属（*Salvia*）

[学　　名] *Salvia miltiorrhiza* Bge.

[别　　名] 赤参、奔马草、红丹参

[形态特征] 多年生直立草本，高40~80厘米。根肥厚，外红内白。茎多分枝，密被长柔毛。奇数羽状复叶，叶柄长1.3~7.5厘米；小叶3~7片，卵形或椭圆状卵形，长1.5~8厘米，宽1~4厘米，两面被疏柔毛。轮伞花序6至多花，组成顶生或腋生假总状花序，密被腺毛及长柔毛；苞片披针形；花萼钟状，带紫色，长约1.1厘米，二唇形；花冠紫蓝色，长2~2.7厘米，冠筒内有斜向毛环，檐部二唇形，下唇中裂片先端2裂，裂片顶端具不整齐尖齿，侧裂片圆形；能育雄蕊2枚，花丝短，药隔长。小坚果椭圆形，黑色。花果期4~11月。

[生境分布] 生于山坡、林下或溪旁。分布于辽宁、陕西及华北、华东和华中地区。

[食药价值] 嫩叶可食。根为妇科要药，有活血、止血、镇痛的功效，治子宫出血、月经不调等症。

# 荔枝草

## 唇形科（Lamiaceae） 鼠尾草属（*Salvia*）

[学　　名] *Salvia plebeia* R. Br.

[别　　名] 青蛙草、癞蛤蟆草、荠苎

[形态特征] 一至二年生直立草本，高15~90厘米。茎多分枝，被下向的疏柔毛。叶椭圆状卵形或披针形，长2~6厘米，宽0.8~2.5厘米，边缘具圆齿或尖锯齿，两面有毛；叶柄长0.4~1.5厘米，密被疏柔毛。轮伞花序6花，多数，密集成顶生假总状或圆锥花序；苞片披针形，细小；花萼钟状，长2.7毫米，外被疏柔毛，上唇先端具3个短尖头，下唇2齿；花冠淡红至蓝紫色，稀白色，长4.5毫米，冠筒内有毛环，下唇中裂片宽倒心形；能育雄蕊2枚，花丝、药隔近等长。小坚果倒卵圆形，光滑。花果期4~7月。

[生境分布] 生于山坡、路旁、沟边或田野潮湿地。分布于除新疆、甘肃、青海、西藏外的其他地区。

[食药价值] 嫩苗可食。全草入药，民间广泛用于治疗咽喉肿痛、无名肿毒、流感及小儿惊风等症。

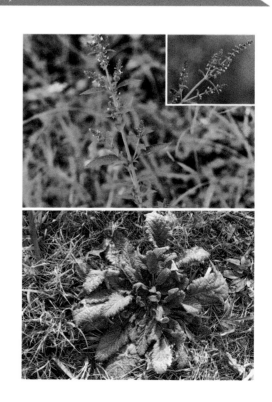

## 薄荷

### 唇形科（Lamiaceae）　薄荷属（*Mentha*）

［学　　名］　*Mentha canadensis* L.

［别　　名］　野薄荷、土薄荷、水薄荷

［形态特征］　多年生草本，高 30～60 厘米。具根状茎。茎多分枝，被微柔毛。叶长圆状披针形至披针状椭圆形，长 3～7 厘米，宽 0.8～3 厘米，边缘在基部以上疏生粗牙齿状锯齿，两面被微柔毛；叶柄长 0.2～1 厘米。轮伞花序腋生，球形；花萼筒状钟形，长约 2.5 毫米，10 脉，齿 5，狭三角状钻形；花冠淡紫，长 4 毫米，外面被毛，内面在喉部下被微柔毛，檐部 4 裂，上裂片先端 2 裂，较大，其余 3 裂片近等大；雄蕊 4 枚，前对较长。小坚果卵球形，黄褐色。花果期 7～10 月。

［生境分布］　生于水旁潮湿地。分布于全国各地。

［食药价值］　嫩茎叶可食。全草入药，治感冒发热、喉痛、头痛、目赤和皮肤瘙痒等症。

　　同属植物留兰香（*M.spicata*）（别名鱼香菜、绿薄荷）及皱叶留兰香（*M.crispata*）的嫩枝叶常作香料食用。

　　相关视频请观看中央电视台科教频道（CCTV10）《健康之路》视频 2013 年第 20130523 期：《能治病的菜（三）》。

## 地笋

### 唇形科（Lamiaceae）　地笋属（*Lycopus*）

［学　　名］　*Lycopus lucidus* Turcz.

［别　　名］　地瓜儿苗、地参

［形态特征］　多年生草本，高 0.6～1.7 米。根状茎横走，节上密生须根，顶端膨大呈圆柱形。茎直立，常不分枝，四棱形，节上带紫红色，无毛或在节上疏生小硬毛。叶长圆状披针形，长 4～8 厘米，宽 1.2～2.5 厘米，下面有凹腺点，边缘具尖锐粗锯齿；叶柄极短。轮伞花序无梗，多花密集；小苞片卵形至披针形；花萼钟状，长 3 毫米，萼齿 5 个，披针状三角形；花冠白色，长 5 毫米，内面在喉部有白色短柔毛，不明显二唇形，上唇近圆形，下唇 3 裂；雄蕊 2 枚。小坚果倒卵圆状四边形，褐色。花果期 6～11 月。

［生境分布］　生于沼泽地、水边、沟边等潮湿处。分布几遍全国。

［食药价值］　肥大根茎供食用。全草为妇科要药，能通经利尿，对分娩前后诸病有较好疗效。

　　变种硬毛地笋（*Lycopus lucidus* var. *hirtus*），植株多被小硬毛。其根状茎外形酷似天麻（*Gastrodia elata*），一些不法摊贩常将它伪充天麻出售，请注意区分。

# 紫苏

## 唇形科（Lamiaceae） 紫苏属（*Perilla*）

[学　　名] *Perilla frutescens*（L.）Britt.

[别　　名] 白苏、香苏、野苏麻

[形态特征] 一年生直立草本，高 0.3～2 米。植株多被长柔毛；茎绿或紫色，钝四棱形。叶宽卵形，长 7～13 厘米，宽 4.5～10 厘米；叶柄长 3～5 厘米。轮伞花序 2 花，组成长 1.5～15 厘米、偏向一侧的顶生及腋生假总状花序，每花有 1 苞片；花萼钟状，长约 3 毫米，有黄色腺点，果时增大，基部一边肿胀，上唇宽大，3 齿，下唇 2 齿，齿披针形；花冠白色至紫红色，长 3～4 毫米，上唇微缺，下唇 3 裂。小坚果近球形，灰褐色。花果期 8～12 月。

[生境分布] 生于路边、村边荒地和宅旁。华北、中南、西南及台湾有野生，全国各地广泛栽培。

[食药价值] 嫩叶、种子油可食用。紫苏叶有解表散寒、行气和胃的功能，主治风寒感冒、咳嗽、胸腹胀满，以及恶心呕吐等症；对治疗鱼蟹中毒有奇效。

紫苏因其特有的活性物质及营养成分，成为一种备受世界关注的多用途植物，经济价值很高。日本人多用于料理，尤其在吃生鱼片时是必不可少的；韩国人用紫苏制作泡菜；越南人在炖菜和煮菜中加入紫苏叶。中国人用紫苏烹制各种菜肴，常佐鱼、蟹食用，烹制的菜肴包括紫苏干烧鱼、紫苏鸭、紫苏炒田螺、苏盐贴饼、紫苏百合炒羊肉等。

相关视频请观看中央电视台科教频道（CCTV10）《健康之路》视频 2013 年第 20130520 期：《能治病的菜（一）》。

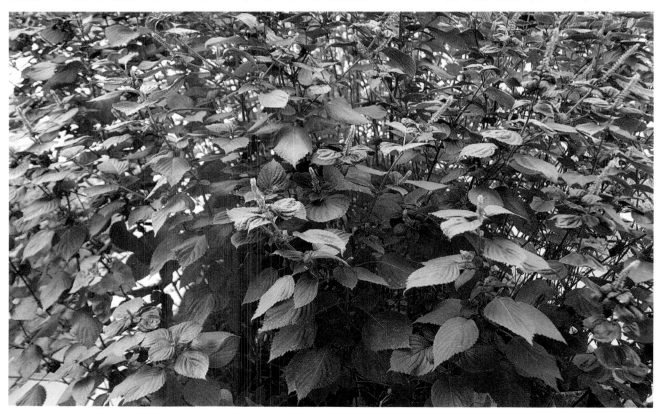

# 罗勒

## 唇形科（Lamiaceae）　　罗勒属（*Ocimum*）

［学　　名］ *Ocimum basilicum* L.

［别　　名］ 荆芥、荆菜、九层塔、香草

［形态特征］ 一年生芳香草本，高 20～80 厘米。全株被稀疏柔毛；茎四棱形，多分枝。叶对生，卵圆形至卵圆状长圆形，长 2.5～5 厘米，宽 1～2.5 厘米，边缘具不规则牙齿或近全缘；叶柄长约 1.5 厘米。花序顶生，轮伞花序 6～10 层，每层有苞片 2 枚，花 6 朵；花萼钟形，有柔毛，萼筒长约 2 毫米，萼齿 5 个，二唇形；花冠唇形，白色或淡紫色；雄蕊 4 枚。小坚果椭圆形，黑褐色。花果期 7～12 月。

［生境分布］ 喜生于温暖湿润、排水良好、土质肥沃的地方。分布于新疆、吉林、河北、云南、贵州、四川及华东、中南等地区，多为栽培，有逸为野生的。

［食药价值］ 嫩茎叶可食，凉拌、清炒、汆汤、做馅及作火锅配菜，亦可泡茶饮或作调香原料。全草入药，治胃肠胀气、肠炎腹泻等症；种子名光明子，主治目翳。

罗勒是制作可口的台式三杯鸡或香酥鸡不可缺少的食材，还可以炒文蛤等海鲜；台湾家常菜里还有一道简单又美味的九层塔炒鸡蛋。九层塔在西餐里很常见，是南欧菜，特别是意大利的面食中常常出现的香料，也是法国南部的九层塔酱（pistou）的主料。罗勒的成熟种子（小坚果），又称南眉籽、明列子，是制作各类特饮和甜品的上好辅材，如湖北黄石生产的"珍珠果米酒"。

河南、湖北和安徽部分地区种植食用的"荆芥"，实际上是罗勒，而非真正的荆芥（*Nepeta cataria*）。其叶卵形至三角状心形，长 2.5～7 厘米，宽 2.1～4.7 厘米，边缘具粗圆齿或牙齿。花序聚伞状。

相关视频请观看中央电视台科教频道（CCTV10）《健康之路》视频 2013 年第 20130524 期：《能治病的菜（四）》。

## 车前

### 车前科（Plantaginaceae） 车前属（*Plantago*）

[学　　名] *Plantago asiatica* L.

[别　　名] 车轮草、蛤蟆草、蛤蟆叶

[形态特征] 二至多年生草本，高 20～60 厘米。须根多数。叶基生呈莲座状，纸质，宽卵形或宽椭圆形，长 4～12 厘米，宽 2.5～6.5 厘米，先端钝圆或急尖，基部宽楔形或近圆形，边缘波状、全缘或中部以下有锯齿；叶柄长 2～27 厘米。穗状花序 3～10 个，细圆柱状，长 3～40 厘米，紧密或稀疏，下部常间断；苞片狭卵状三角形；花萼裂片倒卵状椭圆形；花冠白色，花冠筒与萼片近等长；雄蕊与花柱明显外伸，花药白色。蒴果椭圆形，长 3～4.5 毫米，周裂；种子卵状椭圆形，长约 1.5 毫米，黑褐色。花果期 4～9 月。

[生境分布] 生于路边、沟旁、田埂等处。分布几遍全国。

[食药价值] 嫩苗可食。4～5 月间采嫩苗，沸水轻煮后，凉拌、蘸酱、炒食、做馅、做汤或和面蒸食。全草及种子药用，有清热利尿的功效，治前列腺炎、痛风等疾病。

同属植物大车前（*P.major*），叶大，长 3～30 厘米，宽 2～21 厘米。花序 1 至数个。种子黄褐色。

平车前（*P.depressa*），叶长 3～12 厘米，宽 1～3.5 厘米。花序 3～10 个。

大车前和平车前作用同车前。

## 婆婆纳

### 车前科（Plantaginaceae） 婆婆纳属（*Veronica*，原玄参科）

[学　　名] *Veronica polita* Fries

[别　　名] 双珠草、卵子草、双肾草

[形态特征] 一年生草本，高 10～25 厘米。茎基部多分枝成丛，匍匐或上升，多少被长柔毛。叶 2～4 对，具短柄；叶片心形至卵形，长 0.5～1 厘米，宽 6～7 毫米，每边有 2～4 个深刻的钝齿。总状花序顶生；苞片叶状，对生或互生；花梗（花柄）略比苞片短，花后向下反折；花萼 4 深裂，裂片卵形，果期稍增大，被柔毛；花冠淡紫、蓝色、粉色或白色，辐状，直径 4～5 毫米，裂片圆形或卵形。蒴果近肾形，密被腺毛，宿存的花柱与凹口齐或略过之；种子背面具横纹。花果期 3～10 月。

[生境分布] 生于荒地、路旁。分布于华东、华中、西北、西南及河北等地区。

[食药价值] 嫩茎叶可食。全草入药，主治肾虚腰痛、疝气、睾丸肿痛和妇女白带等症。

阿拉伯婆婆纳（*V.persica*），花梗明显长于苞片，花冠蓝色、紫色或蓝紫色，为路边及荒野常见杂草。

## 水苦荬

### 车前科（Plantaginaceae）　　婆婆纳属（*Veronica*，原玄参科）

[学　　名]　*Veronica undulata* Wall.

[别　　名]　水莴苣、水菠菜、芒种草

[形态特征]　一至二年生草本，高 25～90 厘米。全体无毛，或于花梗（花柄）及苞片上稍有细小腺毛。茎直立或基部倾斜，肉质，中空。叶对生，无柄，上部叶半抱茎，长卵形或条状披针形，长 4～7 厘米，通常叶缘有尖锯齿。总状花序腋生，长 5～15 厘米，苞片椭圆形，细小；花梗与总花梗（花序梗、花序轴）几乎成直角；花冠淡紫或白色，具淡紫色的线条，雄蕊 2 枚。蒴果近圆形，顶端微凹，宿存花柱长 1～1.5 毫米。花果期 4～9 月。

[生境分布]　常见于水边及沼泽地。除青海、西藏、宁夏、内蒙古外，广布于其他地区。

[食药价值]　嫩苗可蔬食。根、果药用，清热利湿，止血化瘀。用于治疗咽喉肿痛、肺结核咯血、月经不调。
　　同属植物北水苦荬（*V.anagallis-aquatica*），叶多为椭圆形或长卵形，长 2～10 厘米，宽 1～3.5 厘米，全缘或有疏而小的锯齿。花梗与总花梗成锐角。嫩苗可食用。

## 降龙草

### 苦苣苔科（Gesneriaceae）　　半蒴苣苔属（*Hemiboea*）

[学　　名]　*Hemiboea subcapitata* Clarke

[别　　名]　半蒴苣苔、山兰、雪汀菜、水泡菜、牛耳朵

[形态特征]　多年生草本，高 10～40 厘米。茎肉质，散生紫褐色斑点，不分枝。叶对生，椭圆形至倒卵状披针形，长 3～22 厘米，宽 1.4～8 厘米，全缘或中部以上具浅钝齿，顶端急尖或渐尖，基部楔形或下延，常不相等，上面深绿色，背面淡绿或紫红色。聚伞花序腋生或假顶生，具 1～10 余朵花；萼片 5 片，长椭圆形，长 6～9 毫米；花冠白色，具紫斑，长 3.5～4.2 厘米，上唇 2 浅裂，下唇 3 浅裂。蒴果线状披针形，多少弯曲，长约 2 厘米。花果期 9～12 月。

[生境分布]　生于山谷林下或沟边阴湿处。分布于华东、中南及云南、贵州、四川、陕西、甘肃等地区。

[食药价值]　可作野菜。富含胡萝卜素和维生素 C，味苦，4～8 月采摘嫩茎叶，开水焯后炒食或凉拌。全草入药，治喉痛、麻疹和烧烫伤。

# 梓

## 紫葳科（**Bignoniaceae**）　　梓属（*Catalpa*）

[学　　名]　*Catalpa ovata* G. Don
[别　　名]　梓树、木角豆、黄花楸、水桐楸、筷子树
[形态特征]　落叶乔木，高达 15 米。树干通直，嫩枝具稀疏柔毛。叶对生或近于对生，有时轮生，宽卵形，长宽近相等，长约 25 厘米，顶端渐尖，基部心形，全缘或浅波状，常 3 浅裂，上面尤其是叶脉上疏生长柔毛；叶柄长 6～18 厘米，嫩时有长柔毛。顶生圆锥花序，总花梗（花序梗、花序轴）稍有毛，长 12～28 厘米；花萼 2 唇形；花冠钟状，淡黄色，内有黄色线纹和紫色斑点；能育雄蕊 2 枚。蒴果线形，下垂，长 20～30 厘米；种子长椭圆形，长 6～8 毫米，宽约 3 毫米，两端具长毛。花果期 5～11 月。
[生境分布]　常见于山谷河边、路边和宅旁。分布于长江流域及以北地区。
[食药价值]　嫩叶可食。种子入药，能解毒利尿、止吐，治肾病。

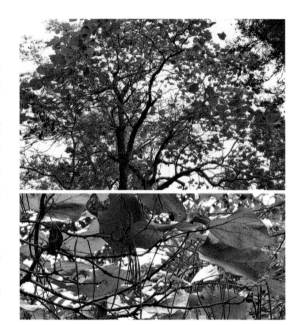

# 桔梗

## 桔梗科（**Campanulaceae**）　　桔梗属（*Platycodon*）

[学　　名]　*Platycodon grandiflorus*（Jacq.）A. DC.
[别　　名]　铃铛花、包袱花、道拉基
[形态特征]　多年生草本，高 0.4～1.2 米，有白色乳汁。根胡萝卜状，长达 20 厘米，皮黄褐色。茎无毛，稀被短毛，通常不分枝。叶 3 枚轮生，对生或互生，无柄或极短柄；叶片卵形至披针形，长 2～7 厘米，宽 0.5～3.5 厘米，顶端急尖，基部宽楔形，边缘有细锯齿，下面被白粉。花 1 至数朵生茎或分枝顶端；花萼被白粉，裂片 5，三角形或狭三角形；花冠蓝紫色，宽钟状，直径 4～6.5 厘米，5 浅裂；雄蕊 5 枚，子房下位。蒴果球形或倒卵圆形，顶部 5 瓣裂。花期 7～9 月。
[生境分布]　生于山坡草地、灌丛中或林边。分布几遍全国。安徽太和县、内蒙古赤峰市喀喇沁旗为"中国桔梗之乡"。
[食药价值]　嫩茎叶和根供蔬食。根药用，含桔梗皂苷，有止咳、祛痰、消炎等功效。
　　桔梗花是朝鲜族的特色野菜。在朝鲜半岛及我国延边地区，桔梗可是非常著名的泡菜食材，我国东北地区还将其称作"狗宝"咸菜。

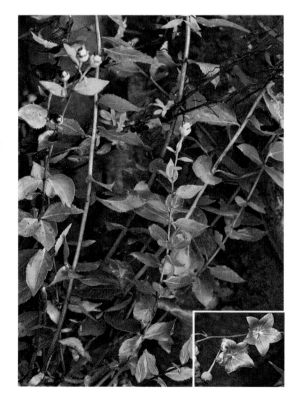

# 羊乳

## 桔梗科（Campanulaceae）　　党参属（*Codonopsis*）

[学　　名]　*Codonopsis lanceolata*（Sieb. et Zucc.）Trautv.

[别　　名]　轮叶党参、羊奶参、四叶参

[形态特征]　多年生草质缠绕藤本，有白色乳汁；植株光滑几无毛。根肥大呈纺锤形，长约10～20厘米，直径1～6厘米。茎有多数短分枝；主茎上的叶互生，菱状狭卵形，长0.8～1.4厘米，宽3～7毫米；小枝顶端常2～4叶簇生，近对生或轮生状，有短柄，长3～10厘米，宽1.3～4.5厘米。花单生或对生于小枝顶端；花萼裂片5片，卵状三角形，长1.3～3厘米；花冠黄绿色或紫色，宽钟状，长2～4厘米，5浅裂；雄蕊5枚；子房下位，柱头3裂。蒴果有宿存花萼，上部3瓣裂；种子卵形，有翅，棕色。花果期7～8月。

[生境分布]　生于山地沟边或林中。分布于东北、华北、华东和中南地区。

[食药价值]　嫩茎叶、根作菜；根含淀粉，供酿酒。根药用，治各种痈疽肿毒。

# 杏叶沙参

## 桔梗科（Campanulaceae）　　沙参属（*Adenophora*）

[学　　名]　*Adenophora petiolata* subsp.*hunanensis*（Nannf.）D. Y. Hong & S. Ge

[别　　名]　宽裂沙参

[形态特征]　多年生草本，高0.6～1.2米，有白色乳汁。茎不分枝，无毛或稍有白色短硬毛。茎生叶互生，卵形或卵状披针形，基部宽楔形或近截形，长3～15厘米，宽2～4厘米，边缘具疏齿，两面被疏或密的短毛；叶柄短或无。圆锥花序长25～60厘米，下部有分枝；花萼裂片5，卵形或狭卵形，基部稍合生；花冠蓝色或紫蓝色，钟状，长1.5～2厘米，5浅裂；雄蕊5；花盘短筒状；子房下位，花柱与花冠近等长。蒴果球状椭圆形，长6～8毫米，直径4～6毫米；种子椭圆状。花期7～9月。

[生境分布]　生于山坡草地、林缘。分布于中南及江西、贵州、陕西等地区。

[食药价值]　嫩苗、根可食。根入药，具有养阴清肺、补气、止咳化痰的功效。

同属植物轮叶沙参（*A.tetraphylla*），别名四叶沙参。茎生叶3～6枚轮生，无柄或有不明显叶柄。

荠苨（*A.trachelioides*），茎生叶具2～6厘米长的叶柄，叶片心形或在茎上部的叶基部近于平截形，边缘为单锯齿或重锯齿。

轮叶沙参和荠苨的嫩苗可食，根入药。

## 沙参

**桔梗科（Campanulaceae）　　沙参属（Adenophora）**

[学　名] *Adenophora stricta* Miq.
[别　名] 南沙参、杏叶沙参
[形态特征] 多年生草本，高40～80厘米，有白色乳汁。茎不分枝，常被短硬毛或长柔毛。基生叶心形，大而具长柄；茎生叶几无柄，叶椭圆形或狭卵形，长3～11厘米，宽1.5～5厘米，边缘有不整齐的锯齿，两面被毛，稀无毛。花序常不分枝；花梗（花柄）长不及5毫米；花萼有短毛，裂片5，钻形或条状披针形；花冠宽钟状，蓝或紫色，长1.5～2.3厘米，裂片三角状卵形；雄蕊5枚；花盘短筒状，无毛；花柱常稍长于花冠。蒴果椭圆状球形，长0.6～1厘米，种子稍扁，棕黄色。花期8～10月。
[生境分布] 生于低山草丛或岩缝中。分布于江苏、安徽、浙江、江西、四川、贵州及中南等地区。
[食药价值] 根煮去苦味后，可食用。根药用，滋补、祛寒热、清肺止咳，治心脾痛、头痛、妇女白带。

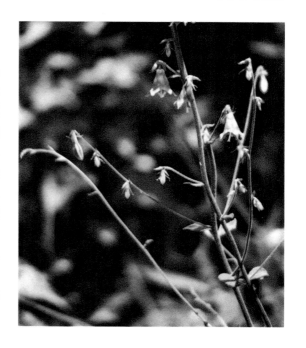

## 栀子

**茜草科（Rubiaceae）　　栀子属（Gardenia）**

[学　名] *Gardenia jasminoides* Ellis
[别　名] 黄栀子、栀子花
[形态特征] 常绿灌木，高0.3～3米。嫩枝常被短毛；叶革质，对生或3叶轮生，叶形多样，常为长圆状披针形、倒卵形或椭圆形，长3～25厘米，宽1.5～8厘米，叶色上面亮绿，下面较暗；侧脉8～15对；叶柄长0.2～1厘米；托叶鞘状。花大，芳香，有短梗，单生枝顶；萼裂片5～8片，条状披针形，比萼筒稍长；花冠白色或乳黄色，高脚碟状，冠管长3～5厘米，裂片倒卵形至倒披针形，伸展；花药露出。果黄色或橙红色，卵状至长椭圆状，长1.5～7厘米，有5～9条翅状纵棱；种子多数。花果期3月至翌年2月。
[生境分布] 生于旷野、丘陵、山坡、溪边灌丛或林中。分布于我国南部和中部地区，多庭园栽培。
[食药价值] 花可食用；果实可提取栀子黄色素，是品质优良的天然食品色素。果入药，能清热利尿、凉血解毒、散瘀。

## 鸡矢藤

**茜草科（Rubiaceae）　　　鸡矢藤属（Paederia）**

[学　　名] *Paederia foetida* L.

[别　　名] 鸡屎藤、牛皮冻、女青

[形态特征] 多年生草质藤本，无毛或被柔毛。茎长 3～5 米，多分枝。叶对生，膜质或纸质，形状和大小变异很大，宽卵形至披针形，长 5～10 厘米，宽 2～4 厘米，顶端急尖至渐尖，基部宽楔形、圆形至浅心形，两面无毛或下面稍被短柔毛；叶柄长 1～3 厘米；托叶卵状披针形，长 2～3 毫米，顶部 2 裂。圆锥花序腋生或顶生；花萼钟形，裂片钝齿形；花冠紫蓝色，长 1.2～1.6 厘米，常被绒毛，裂片短。核果宽椭圆形，压扁，直径达 7 毫米。花期 5～6 月。

[生境分布] 生于山坡、林中林缘或灌丛中。广布于长江流域及其以南地区。

[食药价值] 嫩茎叶可食。全草入药，有消食、祛风湿、化痰止咳之效。

　　"鸡屎藤粑仔"现已成为海南琼海、文昌等地最有名的小吃，1999 年被列为"中华名小吃"之列。

## 猪殃殃

**茜草科（Rubiaceae）　　　拉拉藤属（Galium）**

[学　　名] *Galium spurium* L.

[别　　名] 拉拉藤、爬拉殃、八仙草

[形态特征] 一年生草本，多枝、蔓生或攀缘状。茎 4 棱，棱上、叶均有倒生小刺毛。叶 4～8 片轮生，近无柄；叶纸质或膜质，条状披针形，长 1～5.5 厘米，宽 1～7 毫米，顶端有凸尖头，1 脉，干时常卷缩。聚伞花序腋生或顶生；花小，黄绿色，4 数，花梗（花柄）纤细；花萼被钩毛；花冠裂片长圆形，长不及 1 毫米，镊合状排列；子房被毛，花柱 2 裂。果干燥，有 1～2 个近球状的分果爿，密被钩毛，果梗长可达 2.5 厘米，每一爿有 1 颗平凸的种子。花果期 3～9 月。

[生境分布] 生于旷野、沟边、林缘和草地。分布几遍全国。

[食药价值] 嫩苗可作野菜。全草药用，清热解毒，消肿止痛；治淋浊、尿血、跌打损伤及疔肿等。

　　同属植物蓬子菜（*G.verum*），多年生近直立草本。叶 6～10 片轮生，线形，通常长 1.5～3 厘米，宽 1～1.5 毫米。花冠黄色。嫩苗可蔬食，嫩苗在沸水中焯一下，用来做馅或做汤。

# 苦糖果

## 忍冬科（Caprifoliaceae）　忍冬属（*Lonicera*）

[学　　名]　*Lonicera fragrantissima* var. *lancifolia*（Rehd.）Q. E. Yang

[别　　名]　驴奶果、裤裆果、权八果

[形态特征]　落叶灌木，高达2米。小枝和叶柄有时具短糙毛；叶卵状长圆形或卵状披针形，通常两面被刚伏毛及短腺毛。总花梗（花序梗、花序轴）长0.5～1厘米，从当年枝基部苞腋中生出；相邻两花萼筒合生达中部以上；花先叶开放，芳香；花冠白色或带粉红色，唇形，花冠筒长约5毫米，上唇具4裂片，下唇长约1厘米，花柱下部疏生糙毛。浆果红色，椭圆形，长约1厘米，部分连合。花果期1～6月。

[生境分布]　生于向阳山坡林中、灌丛或溪涧旁。分布于华东、华中及四川、贵州、陕西、甘肃等地区。

[食药价值]　果可食，亦可加工成果汁、果酒等。嫩枝叶入药，祛风除湿，清热止痛。

　　郁香忍冬（*L.fragrantissima*）（原变种），半常绿或落叶灌木。叶形变异大，倒卵状椭圆形至卵状长圆形，两面无毛或仅下面中脉有少数刚伏毛。果实用途同苦糖果。

# 忍冬

## 忍冬科（Caprifoliaceae）　忍冬属（*Lonicera*）

[学　　名]　*Lonicera japonica* Thunb.

[别　　名]　金银花、金银藤、老翁须

[形态特征]　半常绿藤本，幼枝密生柔毛和腺毛。叶纸质，卵形至卵状披针形，长3～9.5厘米，顶端短渐尖或钝，基部圆形或近心形，幼时两面有毛；叶柄长4～8毫米，密被短柔毛。总花梗（花序梗、花序轴）单生于小枝上部叶腋；苞片叶状，长2～3厘米；萼筒长约2毫米，无毛；花冠长2～6厘米，白色略带紫色，后变黄色，芳香，外面有柔毛和腺毛，唇形，上唇具4裂片而直立，下唇带状反曲；雄蕊5枚，和花柱均高出花冠。浆果球形，熟时蓝黑色。花果期4～11月。

[生境分布]　生于路旁、乱石堆、山坡灌丛或疏林中。除青海、西藏、新疆、内蒙古等地外，其他地区均有分布，常见栽培。山东平邑县、湖南隆回县、河南封丘县、贵州务川县和绥阳县同为"中国金银花之乡"。

[食药价值]　花可食用，花蕾代茶。花入药，有清热解毒、消炎退肿的功效。

# 二翅六道木

## 忍冬科（Caprifoliaceae）　糯米条属（*Abelia*，原六道木属）

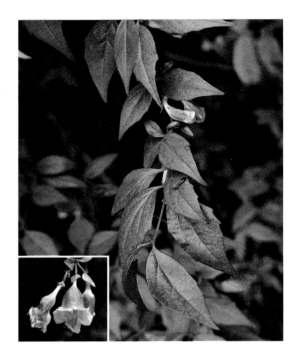

[学　　名]　*Abelia macrotera*（Graebn. et Buchw.）Rehd.

[别　　名]　双翅六道木、神仙叶、二翅糯米条

[形态特征]　落叶灌木，高1～2米。幼枝红褐色，光滑。叶卵形至椭圆状卵形，长3～8厘米，宽1.5～3.5厘米，顶端渐尖，基部钝圆或楔形，边缘有疏锯齿，上面疏生短柔毛，下面沿中脉及侧脉基部密生白色柔毛。聚伞花序生小枝顶端或上部叶腋；花大，长2.5～5厘米；苞片红色，披针形；小苞片3枚，卵形，花萼有短柔毛，萼裂片2片，长圆状椭圆形；花冠浅紫红色，漏斗状，长3～4厘米，外面有微毛，裂片5，略呈二唇形，上唇2裂，下唇3裂；2枚强雄蕊。瘦果状核果长0.6～1.5厘米，有短柔毛，萼裂片宿存。花果期5～10月。

[生境分布]　生于路边灌丛或溪旁林下。分布于华中及四川、陕西、云南、贵州等地区。

[食药价值]　叶制豆腐或凉粉，有退火、清凉解毒之功效。

　　神仙豆腐是湖北郧西、陕西佛坪、河南淅川、江西、广西桂林、湖南、安徽六安等地饮食中最富特色的传统小吃。

# 攀倒甑

## 忍冬科（Caprifoliaceae）　败酱属（*Patrinia*，原败酱科）

[学　　名]　*Patrinia villosa*（Thunb.）Juss.

[别　　名]　白花败酱、苦菜

[形态特征]　多年生草本，高0.5～1.2米。茎枝被倒生粗白毛，毛渐脱落；根状茎常生长新株。基生叶丛生，卵形至长圆状披针形，长4～25厘米，宽2～18厘米，先端渐尖，边缘具粗钝齿，基部楔形下延，不裂或大头羽状深裂，常有1～2对裂片，叶柄较叶片稍长；茎生叶对生，与基生叶同形，或菱状卵形，叶柄长1～3厘米；上部叶较窄小，近无柄。聚伞花序组成顶生圆锥花序，分枝5～6级，花萼小，萼齿5片；花冠钟形，白色，裂片异形；雄蕊4枚，伸出。瘦果倒卵形，与宿存增大苞片贴生。花果期8～11月。

[生境分布]　生于山地林下、林缘或草丛中。分布于东北、华北、华东、中南及四川、贵州等地区。

[食药价值]　嫩苗作野菜，可烹炒、制馅、做汤或加工成苦菜干。根状茎及根药用，消炎利尿。

　　同属植物败酱（*P.scabiosifolia*），别名黄花龙牙、苦菜。花黄色，花冠筒短，上端5裂。瘦果长圆形，长3～4毫米，边缘有窄翅。花期7～9月。嫩茎叶食用。全草入药，能清热解毒、消肿排脓、活血祛瘀，治慢性阑尾炎有奇效。

　　墓头回（*P.heterophylla*），别名异叶败酱、窄叶败酱。茎下部叶常2～6对羽状全裂，中部叶常具1～2对侧裂片；叶柄长1厘米。嫩叶可食。根茎、根药用，药名"墓头回"，能燥湿，止血；主治崩漏、赤白带，民间用以治疗子宫癌。

　　缬草属缬草（*Valeriana officinalis*），别名媳妇菜。茎中空，有纵棱，被粗毛。基部叶花期常凋萎；茎生叶羽状全裂，裂片7～11片。花冠淡紫红色或白色。缬草在有些地方作野菜；缬草油用作食用香料。根茎及根入药，可祛风、镇痉，治跌打损伤等。

# 荚蒾

## 五福花科（Adoxaceae） 荚蒾属（*Viburnum*，原忍冬科）

[学　　名] *Viburnum dilatatum* Thunb.

[别　　名] 短柄荚蒾、酸汤杆、苦柴子

[形态特征] 落叶灌木，高 1.5～3 米。当年小枝连同芽、叶柄和花序均密被土黄色或黄绿色开展的小刚毛状粗毛及簇状短毛。单叶对生，叶纸质，宽倒卵形或宽卵形，长 3～13 厘米，先端急尖，基部圆形或微心形，边缘有牙齿状锯齿，两面被毛，下面近基部两侧有少数腺体和无数细小腺点，侧脉 6～8 对，直达齿端；叶柄长 0.5～1.5 厘米。复伞形式聚伞花序生于短枝顶端，萼筒长约 1 毫米，有暗红色微细腺点；花冠白色，辐状，直径约 5 毫米；雄蕊 5 枚，长于花冠。核果红色，椭圆状卵形，长 7～8 毫米；核扁，背具 2 条、腹有 3 条浅沟。花果期 5～11 月。

[生境分布] 生于山坡、林下、林缘及灌丛中。分布于华东、中南及河北、云南、贵州、四川、陕西等地区。

[食药价值] 果可食，亦可酿酒。根、枝叶入药，清热解毒、疏风解表、祛瘀消肿。

# 马兰

## 菊科（Asteraceae） 紫菀属（*Aster*，原马兰属）

[学　　名] *Aster indicus* L.

[别　　名] 马兰头、路边菊、鱼鳅串

[形态特征] 多年生直立草本，高 30～70 厘米。根状茎有匍枝，茎上部分枝。叶互生，薄质；基生叶花期枯萎，茎生叶倒披针形或倒卵状长圆形，长 3～10 厘米，宽 0.8～5 厘米，基部渐窄成具翅长柄，边缘中部以上具有小尖头的齿或羽状裂片，上部叶小，全缘，无柄。头状花序单生于枝顶并排成疏伞房状；总苞半球形，直径 6～9 毫米；总苞片 2～3 层；舌状花 1 层，舌片浅紫色；管状花（筒状花）多数，管部被密毛。瘦果倒卵状长圆形，极扁，长 1.5～2 毫米，褐色，冠毛易脱落。花果期 5～10 月。本种多变异。

[生境分布] 生于林缘、草丛、溪边和路旁。分布于全国各地。

[食药价值] 嫩茎叶食用，俗称"马兰头"。全草药用，有清热解毒、消食积、利小便之效。

## 东风菜

### 菊科（Asteraceae）　　紫菀属（*Aster*，原东风菜属）

[学　　名]　*Aster scaber* Thunb.

[别　　名]　山蛤芦、白云草、大耳毛

[形态特征]　多年生直立草本，高1～1.5米。茎上部分枝，被微毛。基生叶花期枯萎，叶心形，长9～15厘米，宽6～15厘米，基部急狭成长约10～15厘米的叶柄，边缘有具小尖头的齿，两面有糙毛；中部以上的叶常有具翅的短柄。头状花序直径1.8～2.4厘米，排成圆锥伞房状；总苞片约3层，不等长，边缘宽膜质；外围雌花约10朵，舌状，舌片白色；中央两性花管状（筒状），上部5齿裂。瘦果倒卵圆形或椭圆形，长3～4毫米，有5条厚肋；冠毛污黄白色。花果期6～10月。

[生境分布]　生于山谷坡地、草地、灌丛中。广泛分布于我国除西部外的其他地区。

[食药价值]　嫩苗、嫩叶作野菜。全草入药，治蛇毒、风毒壅热、头痛目眩和肝热眼赤等症。

## 钻叶紫菀

### 菊科（Asteraceae）　　联毛紫菀属（*Symphyotrichum*）

[学　　名]　*Symphyotrichum subulatum*（Michx.）G. L. Nesom

[别　　名]　钻形紫菀、剪刀菜、燕尾菜

[形态特征]　一年生直立草本，高0.16～1.5米。茎有时略带紫色，分枝具粗棱，无毛。基生叶倒披针形，花后凋落；茎中部叶线状披针形，长2～11厘米　宽0.1～1.7厘米，先端尖或钝，有时具钻形尖头，全缘，无柄。头状花序小排成圆锥状，总苞钟状，总苞片3～4层，外层较短，内层较长，线状钻形；舌状花细狭，淡红色，与冠毛相等或稍长；管状花（筒状花）多数，短于冠毛。瘦果长圆形，长1.5～2.5毫米，有5纵棱，冠毛淡褐色。花果期8～10月。

[生境分布]　常见于山坡林缘、路旁、沟边及低洼地。原产北美洲。分布于我国西南、华东和华中地区。

[食药价值]　嫩茎叶可炒食、作火锅料菜。全草入药，清热解毒，治痈肿、湿疹。

## 拟鼠麹草

### 菊科（Asteraceae） 鼠曲草属（*Pseudognaphalium*，原鼠麹草属）

[学　　名]　*Pseudognaphalium affine*（D. Don）Anderberg
[别　　名]　鼠曲草、佛耳草、清明菜
[形态特征]　一年生草本，高 10～40 厘米或更高。茎直立
或基部有匍匐斜上分枝，密被白色绵毛。叶互生，倒披针形
或匙形，长 5～7 厘米，宽 1.1～1.4 厘米，顶端具小尖，基
部渐狭，下延，无叶柄，全缘，两面有灰白色绵毛。头状花
序在枝顶密集成伞房状；总苞钟形，总苞片 2～3 层，金黄
色，膜质，外层倒卵形，内层长匙形；花黄色，外围雌花花
冠丝状；中央两性花少数。瘦果长圆形，长约 0.5 毫米，有
乳突；冠毛粗糙，污白色，易脱落，基部联合成 2 束。花果
期 1～11 月。
[生境分布]　生于田埂、荒地及路旁。除东北外，遍布其他
地区。
[食药价值]　嫩叶可做糯粑或青团；全株可提取芳香油。茎
叶入药，镇咳祛痰，治气喘和支气管炎。

## 鳢肠

### 菊科（Asteraceae） 鳢肠属（*Eclipta*）

[学　　名]　*Eclipta prostrata*（L.）L.
[别　　名]　旱莲草、墨菜、凉粉草
[形态特征]　一年生草本，高 15～60 厘米。茎直立或平卧，
常自基部分枝，被贴生糙毛。叶披针形或长圆状披针形，长
3～10 厘米，宽 0.5～2.5 厘米，全缘或有细锯齿，两面被糙
伏毛；无柄或基部叶有柄。头状花序直径 6～8 毫米，花序
梗长 2～4 厘米；总苞球状钟形，总苞片 5～6 片，草质，被
毛；外围的雌花 2 层，舌状，舌片小，全缘或 2 裂；中央管
状花（筒状花）两性，白色，裂片 4 片。瘦果暗褐色，雌花
瘦果 3 棱状，两性花瘦果扁四棱形；表面具瘤状突起，无冠
毛。花期 6～9 月。
[生境分布]　生于河岸、田边或路旁。分布于全国各地。
[食药价值]　嫩苗可食。全草入药，有凉血、止血、消肿和
强壮的功效。

## 牛膝菊

### 菊科（Asteraceae）　　牛膝菊属（*Galinsoga*）

[学　　名]　*Galinsoga parviflora* Cav.

[别　　名]　辣子草、铜锤草、珍珠草、向阳花

[形态特征]　一年生草本，高 10～80 厘米。茎纤细，分枝斜升，被疏散或上部稠密的贴伏短柔毛和少量腺毛。叶对生，卵形或长椭圆状卵形，长 1.5～5.5 厘米，宽 0.6～3.5 厘米，顶端渐尖，基部圆形至宽楔形，边缘有浅圆齿或近全缘，基出 3 脉或不明显 5 出脉，两面粗涩，被白色稀疏贴伏的短柔毛；叶柄长 1～2 厘米。头状花序小，直径约 3～4 毫米，花梗（花柄）细长；总苞半球形；总苞片 1～2 层，宽卵形，绿色，近膜质；花异形，全部结实；舌状花 4～5，白色，舌片顶端 3 齿裂，雌性；管状花（筒状花）黄色，两性，顶端 5 齿裂；花序托凸起，有披针形托片。瘦果有棱，黑褐色，顶端具睫毛状鳞片。花果期 7～10 月。

[生境分布]　生于林下、田边、路旁及荒坡。原产南美洲，主要分布在我国云南、贵州、四川、西藏，其他地区也有。

[食药价值]　嫩茎叶作野菜。全草药用，止血、消炎；花水煎服有清肝明目之效。

## 野菊

### 菊科（Asteraceae）　　菊属（*Chrysanthemum*）

[学　　名]　*Chrysanthemum indicum* L.

[别　　名]　菊花脑、菊花郎、路边黄、黄菊仔

[形态特征]　多年生草本，高 0.25～1 米。茎直立或铺散，被稀疏的毛。基生叶和下部叶花期脱落；中部茎生叶卵形或椭圆状卵形，长 3～10 厘米，宽 2～7 厘米，羽状半裂、浅裂或边缘有浅锯齿，基部平截或宽楔形，裂片先端尖，叶柄长 1～2 厘米，柄基无耳或有分裂叶耳，两面淡绿色，疏生柔毛。头状花序直径 1.5～2.5 厘米，在茎枝顶端排成疏散伞房圆锥花序；总苞片约 5 层，苞片边缘白或褐色，宽膜质。舌状花黄色，雌性，先端全缘或 2～3 齿；中央小花（盘花）两性，管状（筒状）。瘦果长 1.5～1.8 毫米。花期 6～11 月。有许多变种和杂交种。

[生境分布]　生于山坡草地、灌丛、河边、田边及路旁。除新疆外，广布于其他地区。野生或栽培。

[食药价值]　嫩茎叶可炒食、做汤。全草入药，有清凉明目、解毒、降血压之效。

# 牡蒿

## 菊科（Asteraceae） 蒿属（*Artemisia*）

[学　　名]　*Artemisia japonica* Thunb.
[别　　名]　齐头蒿、水辣菜、土柴胡、鸡肉菜
[形态特征]　多年生草本，高 0.5～1.3 米。茎直立，常丛生，
有纵棱，紫褐色或褐色，上部有分枝，被微柔毛或近无毛。下
部叶在花期萎谢，倒卵形或匙形，长 4～7 厘米，宽 2～3 厘
米，有条形假托叶，上部有齿或浅裂；中部叶匙形，顶端有齿
或掌状裂，近无毛；上部叶近条形，三裂或不裂。头状花序极
多数，排列成圆锥花序，有短梗及条形苞叶；总苞片约 4 层，
边缘宽膜质；外层花雌性，能育，3～8 朵；内层花两性，5～10
朵，不育。瘦果小，倒卵形。花果期 7～10 月。

[生境分布]　常见于林缘、疏林下、旷野及丘陵等。广布
于南北各地。
[食药价值]　嫩叶可食。全草入药，有清热解毒、止血、消
炎和散瘀之效。
　　同属植物黄花蒿（*A.annua*），一年生草本；植株有浓烈
的挥发性香气。茎直立，多分枝，无毛。中部叶三回羽状深
裂，裂片及小裂片长圆形或倒卵形，基部裂片常抱茎。头状
花序极多数，常有条形苞叶；总苞片 3～4 层；花管状（筒
状），深黄色，外层雌性，内层两性。南方民间取其枝叶制
酒饼或作制酱的香料。

# 茵陈蒿

## 菊科（Asteraceae） 蒿属（*Artemisia*）

[学　　名]　*Artemisia capillaris* Thunb.
[别　　名]　绒蒿、家茵陈、绵茵陈、白蒿
[形态特征]　多年生半灌木状草本，高 0.4～1.2 米。植株有
浓烈的香气，茎直立，多分枝；当年枝顶端有叶丛，密被绢
毛。叶二回羽状分裂，下部叶裂片较宽短，常被短绢毛；中
部叶宽卵形或卵圆形，长 2～3 厘米，宽 1.5～2.5 厘米，裂片
细，条形，近无毛；上部叶羽状 5 全裂或 3 全裂。头状花序
卵圆形，多数，在枝端排列成复总状；总苞片 3～4 层，卵
形，顶端尖，边缘膜质，背面稍绿色，无毛；花黄色，雌花
6～10 朵，两性花 3～7 朵。瘦果长圆形，长约 0.8 毫米。花
果期 7～10 月。植物多变异。

[生境分布]　生于河岸、路旁及低山坡。分布于南北各地。

[食药价值]　嫩茎叶作野菜或酿制茵陈酒。
全草入药，为治疗黄疸型肝炎病要药。

# 白苞蒿

## 菊科（Asteraceae）　　蒿属（*Artemisia*）

[学　　名]　*Artemisia lactiflora* Wall. ex DC.

[别　　名]　四季菜、鸭脚艾、珍珠花菜、真珠花菜

[形态特征]　多年生草本，高 0.5～2 米。茎直立，绿褐色或深褐色，纵棱稍明显；无毛或被蛛丝状疏毛，上部常有多数花序枝。下部叶在花期枯萎；中部叶卵圆形或长卵形，长 5.5～14.5 厘米，宽 4.5～12 厘米，一回或二回羽状深裂，中裂片又常三裂，裂片有锯齿，顶端渐尖，上面无毛，下面沿脉有微毛，基部有假托叶；上部叶小，细裂或不裂。头状花序多数，在枝端排列成圆锥花序；总苞片 3～4 层，膜质，无毛；花浅黄色，雌花 3～6 朵，两性花 4～10 朵。瘦果倒卵形，长达 1.5 毫米，无毛。花果期 8～11 月。

[生境分布]　多生于林下、林缘、灌丛边缘或山谷。分布于华东、中南及云南、贵州、四川、陕西、甘肃等地区。

[食药价值]　嫩茎叶食用，珍珠花菜是广东潮州菜中必需的配料，珍珠花菜猪血汤是潮汕民间非常大众化的一道美食。全草入药，有清热解毒、止咳消炎、活血散瘀和通经络的功效。

# 蒌蒿

## 菊科（Asteraceae）　　蒿属（*Artemisia*）

[学　　名]　*Artemisia selengensis* Turcz. ex Bess.

[别　　名]　藜蒿、芦蒿、水蒿

[形态特征]　多年生草本，高 0.6～1.5 米。有匍匐地下茎；茎直立，无毛，常紫红色，上部有花序枝。下部叶在花期枯萎；中部叶密集，羽状深裂，长 10～18 厘米，宽约长的一半，侧裂片 1～2 对，条状披针形，有疏浅锯齿，上面无毛，背面密被灰白色蛛丝状平贴的绵毛，基部渐狭成楔形短柄；上部叶三裂或不裂，或条形而全缘。头状

花序多数，在茎上密集成狭长的圆锥花序，有条形苞叶；总苞近钟状；总苞片约 4 层。花黄色，雌花 8～12 朵；两性花 10～15 朵。瘦果卵形，略扁。花果期 7～10 月。植物多变异。

[生境分布]　多生于河湖岸边、沼泽地。分布于东北、华北、华东、华中及云南、贵州、四川等地区。

[食药价值]　嫩茎叶、白色根状茎作蔬菜或腌制酱菜。蒌蒿含有芳香油，可作香料。为法国菜常用的香辛料，多用于鸡肉和鱼肉的烹调，特别是法国蜗牛的烹制。亦可浸于醋中，制成香艾醋，为色拉的调味汁。全草入药，有止血、消炎、镇咳化痰之效。根状茎捣汁能解河豚毒。

苏轼的名句"蒌蒿满地芦芽短，正是河豚欲上时"可谓是脍炙人口，妇孺皆知。蒌蒿炒腊肉是江西南昌的一道名菜，也是每个江南人都爱吃的家常野菜。已开发出芦蒿酒、芦蒿茶等芦蒿系列功能食品。

变种山西蒌蒿（*Artemisia selengensis* var. *shansiensis*），别名无齿蒌蒿。叶裂片边缘全缘，稀间有少数小锯齿。用途同蒌蒿。

# 艾

## 菊科（Asteraceae）　　　蒿属（*Artemisia*）

[学　　名]　*Artemisia argyi* Lévl. et Van.

[别　　名]　艾蒿、家艾、灸草、端阳蒿

[形态特征]　多年生草本或稍半灌木状，高 0.8～2.5 米。植株有浓香；茎单生或少数，有明显纵棱，茎、枝均被灰色蛛丝状柔毛。叶厚纸质，互生，上面被蛛丝状毛，有白色腺点与小凹点，下面被灰白色密绒毛；下部叶在花期枯萎；中部叶卵形或近菱形，长 5～8 厘米，宽 4～7 厘米；一至二回羽状深裂或浅裂，侧裂片约 2 对，中裂片又常三裂，裂片边缘有齿；上部叶渐小，三裂或全缘。头状花序多数，排列成圆锥花序；总苞片 3～4 层，边缘膜质，背面被绵毛；花带紫色；雌花 6～10 朵，两性花 8～12 朵。瘦果长卵圆形。花果期 7～10 月。有不同的变种。

[生境分布]　生于荒地、山坡林缘、路旁。分布几遍全国各地。

[食药价值]　嫩芽、幼苗作野菜或青团。全草入药，有温经、祛湿、散寒和止血等功效；艾叶制艾条供艾灸用。

据文献记载，艾蒿入药在我国已有两千多年的历史，唐代药王孙思邈常用艾叶灸足三里穴，活了一百多岁。

同属植物五月艾（*A.indica*），中部叶一至二回羽状全裂或为大头羽状深裂，每侧裂片 3～4 片。雌花 4～8 朵；两性花 8～12 朵。嫩苗可作野菜或腌制酱菜。

中亚苦蒿（*A.absinthium*），别名洋艾、苦艾。18 世纪末，苦艾酒（英文 Absinthe，别名艾碧斯）受到欧洲人的青睐，怪香、奇苦的苦艾酒令法国士兵迷恋。据说大画家凡高生前喝的苦艾酒比喝的水还多，诗人魏尔伦常边喝苦艾酒边期待灵感。法国名酒"味美思"（vermouth）的主要香料就是苦艾汁。

"蒿子面"是宁夏中卫民间特色小吃，已经流传了 360 多年。大约在宋代和西夏时期，蒿籽就已经作为"食品添加剂"进入了百姓的生活。起初，也许只是为了度荒，后来人们发现了蒿籽的保健作用，便作为一种地方风味传承下来。其做法是在和面的时候要掺入适量的由野生植物沙蒿（*Artemisia* sp.）籽磨成的"蒿面子"。蒿子面口感筋道，清爽可口，余味悠长，具有健胃、清热的功效。

# 野茼蒿

## 菊科（Asteraceae）　　野茼蒿属（*Crassocephalum*）

[学　　名]　*Crassocephalum crepidioides*（Benth.）S. Moore

[别　　名]　假茼蒿、革命菜、安南草

[形态特征]　一年生直立草本，高 0.2～1.2 米。茎有纵条棱，无毛。叶膜质，椭圆形或长圆状椭圆形，长 7～12 厘米，宽 4～5 厘米，先端渐尖，基部楔形，边缘有不规则锯齿或重锯齿，或基部羽裂，两面近无毛；叶柄长 2～2.5 厘米。头状花序数个在茎端排成伞房状；总苞钟状，有数枚线状小苞片，总苞片 1 层，先端有簇状毛；小花全部管状（筒状），两性，花冠红褐或橙红色；花柱分枝。瘦果狭圆柱形，红色，白色冠毛多数。花期 7～12 月。

[生境分布]　常见于山坡路旁、水边或灌丛中。原产热带非洲，分布于江西、福建及中南、西南等地区。

[食药价值]　嫩叶是味美野菜。全草入药，有健脾、消肿之功效，治消化不良、脾虚浮肿等症。

　　菊芹属梁子菜（*Erechtites hieraciifolius*），别名菊芹、饥荒草。头状花序；花红色，全为管状（筒状），外围小花 2 层，雌性，花冠丝状，4～5 齿裂；中央为两性花，细漏斗状，5 裂。嫩茎叶可食用。

# 一点红

## 菊科（Asteraceae）　　一点红属（*Emilia*）

[学　　名]　*Emilia sonchifolia*（L.）DC.

[别　　名]　红背叶、叶下红

[形态特征]　一年生草本，高 25～40 厘米。茎直立或斜升，常自基部分枝，灰绿色，无毛或被疏毛。叶稍肉质，茎下部的叶卵形，长 5～10 厘米，宽 2.5～6.5 厘米，大头羽状分裂，边缘具钝齿；中上部叶小，卵状披针形或长圆状披针形，全缘或有细齿，无柄，基部箭状抱茎，上面深绿色，背面常为紫红色。头状花序在枝端排成疏伞房状；花紫红色，长约 9 毫米，全为两性，管状（筒状），5 齿裂；总苞圆柱状，总苞片 1 层，约与小花等长。瘦果圆柱形，长 3～4 毫米，有棱；冠毛白色。花果期 7～10 月。

[生境分布]　常生于山坡草地、田埂、路旁。分布于华东、中南和云南、贵州、四川等地区。

[食药价值]　嫩茎叶食用。全草药用，消炎，止痢，主治腮腺炎、乳腺炎、小儿疳积及皮肤湿疹等症。

# 牛蒡

## 菊科（Asteraceae） 牛蒡属（*Arctium*）

[学　名] *Arctium lappa* L.

[别　名] 大力子、恶实

[形态特征] 二年生直立草本，高达2米。根肉质。茎粗壮，常带紫色，茎枝疏被乳突状短毛及长蛛丝毛并混杂以棕黄色小腺点。基生叶丛生，宽卵形，长达30厘米，宽达21厘米，上面绿色，有稀疏毛，下面密被灰白色绒毛，边缘波状或有细锯齿，顶端圆钝，基部心形，有长柄。茎生叶互生，与基生叶同形。头状花序排成伞房花序或圆锥状伞房花序，花序梗粗壮；总苞卵形；总苞片多层，披针形，长约1.5厘米，顶端有软骨质钩刺；小花全为管状（筒状），淡紫色，顶端5齿裂。瘦果倒长卵形，长约7毫米，宽约3毫米，浅褐色；冠毛短刚毛状。花果期6～9月。

[生境分布] 生于村旁、山坡、林缘及草地。分布于全国各地，常见栽培。山东兰陵县为"中国牛蒡之乡"。

[食药价值] 根供食用。根、茎、叶和种子均可入药，有利尿之效。牛蒡中的牛蒡苦素具有抗癌作用。

　　牛蒡有"东洋参"的美誉，作为食品新资源开始在全世界流行，目前已开发出牛蒡茶、牛蒡酒和牛蒡糊等系列产品。

# 刺儿菜

## 菊科（Asteraceae） 蓟属（*Cirsium*）

[学　名] *Cirsium arvense* var. *integrifolium* C. Wimm. et Grabowski

[别　名] 大刺儿菜、大蓟、小蓟

[形态特征] 多年生草本，高0.3～1.2米。茎直立，上部分枝；基生叶和中部茎生叶椭圆形至椭圆状倒披针形，长7～15厘米，宽1.5～10厘米，顶端钝，基部楔形，常无叶柄；上部茎叶渐小；全部茎叶不裂，叶缘有细密的针刺或刺齿，或大部茎叶羽状分裂、边缘粗大圆锯齿，裂片或锯齿斜三角形，齿顶及裂片顶端有较长的针刺，叶两面被疏或密蛛丝状毛。头状花序单生茎端，或多数头状花序排成伞房花序；总苞卵圆形，直径1.5～2厘米，总苞片约6层，覆瓦状排列，向内层渐长，先端有刺尖；小花紫红或白色。瘦果淡黄色，椭圆形；冠毛污白色。花果期5～9月。

[生境分布] 生于山坡、荒地及田间。除西藏、云南和华南外，其他地区均有分布。

[食药价值] 嫩苗食用。全草入药，具有清热解毒、凉血止血、消肿散瘀的功效。

# 泥胡菜

## 菊科（Asteraceae）　　　泥胡菜属（*Hemisteptia*）

[学　　名]　*Hemisteptia lyrata*（Bge.）Fisch. et C. A. Mey.

[别　　名]　艾草、猪兜菜

[形态特征]　一年生草本，高0.3～1米。茎直立，疏被蛛丝状毛。基生叶莲座状，长椭圆形或倒披针形，花期枯萎；中下部茎叶与基生叶同形，长4～15厘米，宽1.5～5厘米，全部叶大头羽状分裂，顶裂片三角形，侧裂片2～6对；有时全部茎叶不裂或下部茎叶不裂；全部茎叶质薄，上面绿色，无毛，下面灰白色，被厚或薄绒毛；基生叶及下部茎叶有长柄，上部茎叶渐无柄。头状花序在茎枝顶端排成疏伞房花序；总苞宽钟状或半球形，总苞片约5～8层，中外层苞片背面顶端下具直立的鸡冠状附片；花紫色。瘦果楔形，压扁，长2.2毫米，深褐色，有13～16条纵肋；冠毛白色。花果期3～8月。

[生境分布]　常生于山坡、林缘、路旁和荒地。除新疆、西藏外，遍布其他地区。

[食药价值]　嫩茎叶食用。全草入药，清热解毒，消肿散结。治乳腺炎、痈肿疔疮、淋巴结炎等症。

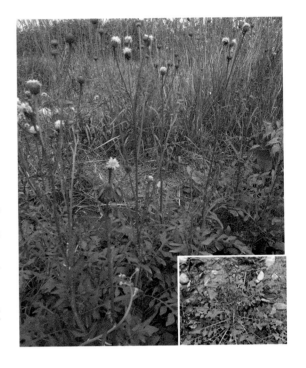

# 山牛蒡

## 菊科（Asteraceae）　　　山牛蒡属（*Synurus*）

[学　　名]　*Synurus deltoides*（Ait.）Nakai

[别　　名]　裂叶山牛蒡、刺球菜

[形态特征]　多年生草本，高0.7～1.5米。根状茎粗。茎单生，直立，上部稍分枝，多少被蛛丝状毛。基生叶与下部茎叶有长柄，叶柄长达34厘米，有狭翼，叶片卵形或卵状三角形，长10～26厘米，宽12～20厘米，顶端尖，基部心形或平截，边缘有不规则缺刻状齿，上面有短毛，下面密生灰白色毡毛。头状花序生枝顶或单生于茎顶，下垂；总苞球形，直径3～6厘米，被蛛丝状毛；总苞片多层，紫色，条状披针形；小花全为两性，管状（筒状），花冠紫红色。瘦果长椭圆形，浅褐色，无毛；冠毛褐色，不等长。花果期6～10月。

[生境分布]　生于山坡草地、林中。分布于东北、华北、华中及浙江、安徽、四川、陕西等地区。

[食药价值]　嫩叶可食。全草入药，清热解毒、消肿散结。主治感冒、咳嗽、妇女炎症腹痛。

# 稻槎菜

## 菊科（Asteraceae） 稻槎菜属（*Lapsanastrum*）

[学　　名] *Lapsanastrum apogonoides*（Maxim.）Pak & K. Bremer

[别　　名] 田荠、鹅里腌

[形态特征] 一年生草本，高7～20厘米。茎细，基部发出簇生分枝及莲座状叶丛，被毛或无毛。基生叶椭圆形或长匙形，长3～7厘米，宽1～2.5厘米，大头羽状分裂，顶裂片较大，卵形，侧裂片2～3对，椭圆形，叶柄长1～4厘米；向上茎叶渐小，不裂。头状花序小，排成疏散伞房状圆锥花序，有纤细的梗；总苞椭圆形，长约5毫米；总苞片2层，外层卵状披针形，内层椭圆状披针形；舌状小花黄色，两性。瘦果长椭圆形，长4.5毫米，淡黄色，顶端两侧各有1枚长钩刺，果棱多条；无冠毛。花果期1～6月。

[生境分布] 生于田野、荒地及路边。分布于华东、中南及陕西、贵州等地区。

[食药价值] 嫩苗食用，浙江人常用来烧田荠饭（将田荠洗净切碎，拌入米中蒸煮），柔软可口，香气扑鼻。全草入药，有清热凉血、消痈解毒的功效。用于治疗咽喉炎、痢疾、乳痈。

# 蒲公英

## 菊科（Asteraceae） 蒲公英属（*Taraxacum*）

[学　　名] *Taraxacum mongolicum* Hand.-Mazz.

[别　　名] 灯笼草、黄花地丁、婆婆丁

[形态特征] 多年生草本。根圆柱状，黑褐色。叶莲座状平展，倒卵状披针形或长圆状披针形，长4～20厘米，宽1～5厘米，边缘具波状齿或羽状深裂，侧裂片3～5对，具齿，顶裂片较大，三角形或三角状戟形，全缘或具齿，基部渐狭成短叶柄，疏被蛛丝状毛或几无毛。花葶1至数个，高10～25厘米，上端密被蛛丝状毛；总苞淡绿色，外层总苞片卵状披针形，长0.8～1厘米，边缘膜质，内层条状披针形，长1～1.6厘米，顶端有小角状突起；舌状花黄色。瘦果倒卵状披针形，长4～5毫米，暗褐色，上半部有尖小瘤，喙长0.6～1厘米；冠毛白色。花果期4～10月。

[生境分布] 生于山坡草地、路边、田野及河滩。分布于全国大部分地区。

[食药价值] 嫩苗食用。全草药用，有清热解毒、消肿散结的功效，是胆囊炎、乳腺炎患者的食疗佳品。现代药理研

究证实，它具有广谱抗菌作用，能激发机体免疫功能，可防治肺癌、胃癌、食管癌等。

相关视频请观看中央电视台科教频道（CCTV10）《健康之路》视频2013年第20130522期：《能治病的菜（二）》。

## 苦苣菜

| 菊科（Asteraceae） | 苦苣菜属（*Sonchus*） |

[学　　名]　*Sonchus oleraceus* L.

[别　　名]　滇苦荬菜、滇苦菜、苦马菜

[形态特征]　一至二年生草本，高 0.4～1.5 米。根圆锥状。茎直立，单生，有纵条棱或条纹，茎枝无毛，或上部花枝有腺毛。叶柔软无毛，长 3～12 厘米，宽 2～7 厘米，羽状深裂、大头羽状深裂或不裂，边缘有刺状尖齿，下部的叶柄有翅，基部扩大抱茎，中上部叶无柄，基部宽大戟耳形。头状花序在茎端排成伞房状或单生；总苞宽钟状，长 1.5 厘米，宽 1 厘米，暗绿色；总苞片 3～4 层；舌状花黄色。瘦果长椭圆状倒卵形，褐色，压扁，两面各有 3 条纵肋，肋间有横皱纹；冠毛白色。花果期 5～12 月。

[生境分布]　生于山坡、山谷林缘、田野或路旁。广布全国各地。

[食药价值]　嫩茎叶可食。全草入药，有祛湿、清热解毒之效。

我国各地称作"苦菜"的，包括忍冬科败酱属、菊科苦苣菜属、莴苣属、苦荬菜属和菊苣属等的野菜十多种。战争年代活跃在大别山区鄂豫皖革命根据地的红军将士，曾采食这些野菜充饥。经过南征北战，后来不少战士当了将军，却还忘不了大别山中的野干菜。因此，当地人就把它们叫作"将军菜"。

## 花叶滇苦菜

| 菊科（Asteraceae） | 苦苣菜属（*Sonchus*） |

[学　　名]　*Sonchus asper*（L.）Hill.

[别　　名]　续断菊、刺菜、恶鸡婆

[形态特征]　一年生草本，高 20～50 厘米。根倒圆锥状，褐色。茎枝无毛或上部及花序梗被腺毛。基生叶与茎生叶同型，较小；中下部茎叶长椭圆形或倒卵形，连翼柄长 7～13 厘米，宽 2～5 厘米，羽状浅裂、半裂或深裂，侧裂片 4～5 对，柄基耳状抱茎；上部叶披针形，不裂，基部圆耳状抱茎；全部叶及裂片与抱茎圆耳边缘有尖齿刺，两面无毛。头状花序在茎枝顶端密集成伞房状；总苞钟状，长约 1.5 厘米，宽 1 厘米；总苞片 3～4 层，绿色；舌状花黄色。瘦果倒披针形，褐色，两面各有 3 条纵肋，肋间无横皱纹；冠毛白色。花果期 5～10 月。

[生境分布]　生于路边、山坡、林缘及水边。分布几遍全国。

[食药价值]　嫩茎叶可食。全草入药，有清热解毒、止血的功效。

## 苣荬菜

### 菊科（Asteraceae） 苦苣菜属（*Sonchus*）

[学　　名] *Sonchus wightianus* DC.

[别　　名] 南苦苣菜、曲麻菜、取麻菜

[形态特征] 多年生草本，高 0.3～1.5 米。有根状茎。茎直立，单生，有纵条纹，花序分枝与花序梗被稠密的腺毛。基生叶与中下部茎叶匙形、长椭圆形或倒披针形，长 9.5～22 厘米，宽 2～6 厘米，基部渐窄成翼柄，顶端急尖、钝或圆形，边缘有锯齿或不明显锯齿；上部叶披针形；中上部茎叶无柄，基部圆耳状半抱茎，两面无毛。头状花序排成伞房状花序；总苞钟状，基部有绒毛，总苞片 3 层，背面沿中脉有 1 行腺毛；舌状小花多数，黄色。瘦果长椭圆形，稍压扁，两面各有 5 条细纵肋，肋间有横皱纹；冠毛白色。花果期 7～10 月。

[生境分布] 生于山坡草地、林地、路边或水旁。分布于全国大多数地区。

[食药价值] 嫩茎叶食用。全草入药，具有清热解毒、凉血利湿、消肿排脓等功效。

## 翅果菊

### 菊科（Asteraceae） 莴苣属（*Lactuca*，原翅果菊属）

[学　　名] *Lactuca indica* L.

[别　　名] 山莴苣、鸭子食、苦莴苣

[形态特征] 一至二年生草本，高 0.4～2 米。茎上部分枝，无毛。叶形多变化，条形、椭圆形或倒披针状长椭圆形，长 13～22 厘米，宽 0.5～8 厘米，不裂而基部扩大成戟形半抱茎至羽状全裂或深裂，裂片边缘缺刻状或锯齿状针刺等；全部茎叶顶端长渐急尖或渐尖，基部楔形渐狭，无柄，两面无毛。头状花序在茎枝顶端排成圆锥花序；总苞长 1.5 厘米，宽 9 毫米，总苞片 4 层，全部苞片边缘紫红色；舌状花淡黄色或白色。瘦果椭圆形，黑色，压扁，边缘有宽翅，每面有 1 条纵肋；喙短而明显，长约 1 毫米；冠毛白色。花果期 4～11 月。

[生境分布] 生于田间、路旁、林缘及灌丛。除西北地区外，广布于其他地区。

[食药价值] 嫩茎叶食用。全草入药，清热解毒，活血祛瘀。用于治疗阑尾炎、扁桃体炎、子宫颈炎。

## ▌黄鹌菜

### 菊科（Asteraceae）    黄鹌菜属（*Youngia*）

[学　　名]　*Youngia japonica*（L.）DC.

[别　　名]　毛连连、黄花枝香草

[形态特征]　一年生草本，高 0.1～1 米。茎直立，单生或少数茎簇生，下部被柔毛。基生叶丛生，倒披针形或椭圆形，长 2.5～13 厘米，宽 1～4.5 厘米，大头羽状深裂或全裂，叶柄长 1～7 厘米，具翅或无翅，顶裂片卵形或卵状披针形，边缘有锯齿或几全缘，侧裂片 3～7 对，椭圆形，向下渐小，边缘有锯齿；茎生叶常 1～2 片；全部叶及叶柄被柔毛。头状花序小，排成伞房花序；总花梗（花序梗、花序轴）细；总苞圆柱状，长 4～5 毫米；总苞片 4 层，背面无毛；舌状花黄色。瘦果纺锤形，长 1.5～2 毫米，红棕色或褐色，顶端无喙，有 11～13 条纵肋；冠毛白色。花果期 4～10 月。

[生境分布]　生于路边、荒野或墙角等阴湿处。除东北、西北地区外，其他地区均有分布。

[食药价值]　嫩茎叶可食。全草入药，清热解毒，利尿消肿，止痛。主治咽炎、乳腺炎、牙痛和疮疖肿毒。

## ▌中华苦荬菜

### 菊科（Asteraceae）    苦荬菜属（*Ixeris*，原小苦荬属）

[学　　名]　*Ixeris chinensis*（Thunb.）Nakai

[别　　名]　中华小苦荬、山苦荬、小苦苣、苦菜

[形态特征]　多年生草本，高 5～47 厘米。根状茎极短缩。茎直立单生或簇生，上部伞房花序状分枝。基生叶莲座状，长椭圆形或倒披针形，包括叶柄长 2.5～15 厘米，宽 2～5.5 厘米，顶端钝或急尖，基部下延成窄叶柄，全缘或具疏小齿，或不规则羽裂；茎生叶常 2～4 枚，不裂，边缘全缘，顶端渐狭，基部扩大成耳状抱茎；全部叶两面无毛。头状花序在茎枝顶端排成伞房花序；总苞圆柱状，长 8～9 毫米；总苞片 3～4 层；舌状花黄色，干时带红色。瘦果长椭圆形，长 2.2 毫米，褐色，有 10 条高起的钝肋，喙长 2.8 毫米；冠毛白色。花果期 1～10 月。

[生境分布]　生于山坡路旁、田野、河边灌丛。分布于东北、华北、华东、西南和华中地区。

[食药价值]　嫩苗可食。全草药用，具有清热解毒、凉血、止痢等功效。

## 苦荬菜

### 菊科（Asteraceae） 苦荬菜属（*Ixeris*）

[学　名]　*Ixeris polycephala* Cass.
[别　名]　多头苦荬、多头莴苣、深裂苦荬菜
[形态特征]　一年生草本，高 10～80 厘米。茎无毛。基生叶线形或线状披针形，连叶柄长 7～12 厘米，宽 5～8 毫米，基部渐窄成柄，全缘，稀边缘有疏小齿或羽状分裂；中下部茎生叶披针形，长 5～15 厘米，宽 1.5～2 厘米，基部箭头状半抱茎，向上或最上部的叶渐小，与中下部茎叶同形；全部叶两面无毛。头状花序排成伞房状花序；总苞圆柱形，长 5～7 毫米，总苞片 3 层，背面近顶端有或无鸡冠状突起；舌状花黄色，稀白色。瘦果长椭圆形，长 2.5 毫米，褐色，有 10 条高起的尖翅肋，顶端喙长 1.5 毫米；冠毛白色。花果期 3～6 月。

[生境分布]　生于山坡林缘、灌丛、草地及田野路旁。主要分布于华东、中南和西南地区。

[食药价值]　嫩茎叶作野菜；制作苦荬菜茶。全草入药，有清热解毒、止血生肌之效。

## 黄瓜假还阳参

### 菊科（Asteraceae） 假还阳参属（*Crepidiastrum*，原黄瓜菜属）

[学　名]　*Crepidiastrum denti-culatum*（Houtt.）Pak & Kawano
[别　名]　秋苦荬菜、黄瓜菜、羽裂黄瓜菜

[形态特征]　一至二年生草本，高 0.3～1.2 米。茎单生，直立，中上部分枝，无毛。基生叶及下部茎叶花期枯萎脱落；中下部茎叶卵形、琴状卵形、椭圆形或披针形，不分裂，长 3～10 厘米，宽 1～5 厘米，顶端急尖或钝，有翼柄或无，基部圆耳状或耳状扩大抱茎，边缘大锯齿或重锯齿或全缘；上部茎叶与中下部茎叶同形，渐小，有齿或全缘，无柄，基部耳状扩大抱茎。头状花序排成伞房花序；总苞圆柱状，长 7～9 毫米；总苞片 2 层，背面沿中脉海绵状加厚；舌状花黄色。瘦果长椭圆形，长 2.1 毫米，黑色，有 10～11 条高起的钝肋，上部沿肋有小刺毛，喙长 0.4 毫米；冠毛白色。花果期 5～11 月。

[生境分布]　生于山坡林缘、林下、田边或岩缝中。分布于全国大部分地区。

[食药价值]　嫩茎叶作野菜。全草药用，清热解毒、消肿止

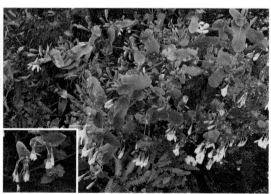

痛。治无名肿毒、乳痈、疖肿及咽喉肿痛。

同属植物尖裂假还阳参（*C.sonchifolium*），别名抱茎苦荬菜、苦碟子、尖裂黄瓜菜。中下部茎叶长椭圆状卵形至披针形，长 3～8 厘米，宽 1.5～2.5 厘米，羽状深裂或半裂，基部扩大圆耳状抱茎，侧裂片约 6 对；上部茎叶渐小，卵状心形，向顶端长渐尖，基部心形扩大抱茎。常作野菜。

# 野慈姑

## 泽泻科（Alismataceae）　　慈姑属（*Sagittaria*）

[学　　名]　*Sagittaria trifolia* L.

[别　　名]　慈姑、狭叶慈姑、剪刀草、水芋

[形态特征]　多年生水生或沼生草本。根状茎横走，较粗壮，末端膨大成球茎。挺水叶箭形，叶片长短、宽窄变异很大，通常顶裂片短于侧裂片；叶柄基部渐宽，鞘状，边缘膜质。花葶直立，高15～70厘米。花序总状或圆锥状，具花多轮，每轮2～3花；苞片3片，基部多少合生。花单性；花被片反折，外轮花被片3，椭圆形；内轮花被片3片，白色，雌花通常1～3轮，心皮多数；雄花多轮，雄蕊多数。瘦果斜倒卵形，长约4毫米，背腹两面有翅；种子褐色。花果期5～10月。

[生境分布]　生于湖泊、池塘、沼泽及稻田等水域。分布几遍全国。

[食药价值]　球茎供食用。入药能清热利尿、化痰止咳，用于治疗湿热小便不利、肺热咳嗽痰血等症。

亚种华夏慈姑（*Sagittaria trifolia* subsp. *leucopetala*），植株高大，粗壮；叶片宽大，肥厚；圆锥花序长20～60厘米，主轴雌花3～4轮，位于侧枝之上。长江以南各地区广泛栽培。江苏宝应县为"中国慈姑之乡"。

# 水鳖

## 水鳖科（Hydrocharitaceae）　　水鳖属（*Hydrocharis*）

[学　　名]　*Hydrocharis dubia*（Bl.）Backer

[别　　名]　马尿花、芣菜

[形态特征]　多年生浮水草本。须根长达30厘米，匍匐茎发达，节间长3～15厘米。叶簇生，多漂浮，有时伸出水面；叶心形或圆形，长4.5～5厘米，宽5～5.5厘米，全缘，上面深绿色，下面略带红紫色，有蜂窝状贮气组织；叶柄长。雄花序腋生；佛焰苞2枚，膜质透明，具红紫色条纹，苞内具雄花5～6朵；花梗（花柄）长5～6.5厘米；萼片3片，离生；花瓣3片，黄色；雄蕊4轮，每轮3枚，最内轮3枚退化。雌佛焰苞小，苞内雌花1朵；萼片3片；花瓣3片，白色；退化雄蕊6枚，3枚黄色腺体与萼片互生；子房下位，6室；花柱6个，2深裂，密被腺毛。果实浆果状，球形或倒卵圆形，长0.8～1厘米；种子多数。花果期8～10月。

[生境分布]　生于静水池沼或稻田中。分布于东北、华东、中南及陕西、四川、云南等地区。

[食药价值]　幼嫩叶柄作蔬菜。全草入药，有清热利湿的功效。

# 龙舌草

## 水鳖科（Hydrocharitaceae） 水车前属（*Ottelia*）

[学　　名]　*Ottelia alismoides*（L.）Pers.

[别　　名]　水车前、水白菜

[形态特征]　一年生沉水草本，具须根。茎短缩。叶基生，膜质；叶形因生境不同而异，幼叶线形或披针形，成熟叶多宽卵形、卵状椭圆形、近圆形或心形，长约20厘米，宽约18厘米，全缘或有细齿；叶柄通常长2～40厘米，无鞘。花两性，稀单性；佛焰苞椭圆形或卵形，长2.5～4厘米，顶端2～3浅裂，有3～6纵翅，在翅不发达的脊上有时具瘤状凸起；总花梗（花序梗、花序轴）长40～50厘米；花无梗，单生；花瓣白、淡紫或浅蓝色；雄蕊3～12枚，花丝具腺毛；子房下位，心皮3～10枚，侧膜胎座；花柱6～10根，2深裂。果长圆形，长2～5厘米；种子多数，种皮有纵条纹，被白毛。花期4～10月。

[生境分布]　常生于湖泊、沟渠、池塘和稻田。分布于东北、华东、中南及云南、贵州、四川等地区。

[食药价值]　全株可作蔬菜。茎叶捣烂可敷治痈疽、汤火灼伤。

　　同属植物海菜花（*O.acuminata*），别名龙爪菜。叶柄、叶背沿脉常具肉刺。雌雄异株；佛焰苞无翅，具2～6棱；雄佛焰苞内含40～50朵雄花，花白色，基部黄色；雌佛焰苞内含2～3朵雌花。果三棱状纺锤形，长约8厘米，棱上有明显的肉刺和疣凸。为云南大理、丽江旅游胜地的特色野菜，俗称"水性杨花"。

# 花魔芋

## 天南星科（Araceae） 魔（磨）芋属（*Amorphophallus*）

[学　　名]　*Amorphophallus konjac* K. Koch

[别　　名]　磨芋、魔芋、蒟蒻、鬼芋

[形态特征]　多年生草本。块茎扁圆形，直径7.5～25厘米。叶1片，3全裂，裂片2～3次羽状深裂，小裂片椭圆形，长3～6厘米，宽1～2厘米，基部宽楔形，外侧下延成狭翅；叶柄长0.5～1.5米，黄绿色，光滑，有黑色、绿褐或白色斑块。花序梗长50～70厘米，粗1.5～2厘米；佛焰苞漏斗形，长20～30厘米，外面有紫绿色斑点，里面黑紫色；肉穗花序比佛焰苞长1倍；下部雌花，上部雄花；附属器长圆锥形，长20～25厘米，无毛，中空；子房2室，花柱与子房等长。浆果球形或扁球形，成熟时黄绿色。花果期3～9月。

[生境分布]　生于疏林下、林缘或溪谷两旁。分布于云南、贵州、四川、陕西至江南地区，常见栽培。湖北竹溪县和陕西岚皋县为"中国魔芋之乡"。

[食药价值]　块茎可制魔芋粉，加工成魔芋豆腐（褐腐）、魔芋挂面、魔芋面包等多种食品。块茎入药能解毒消肿，炙后健胃。治疗疮、无名肿毒。

　　生魔芋有毒！必须蒸煮3小时以上才可食用。魔芋的主要成分葡甘露聚糖是一种优质的天然膳食纤维，能阻碍人体对糖、脂肪及胆固醇的过量吸收，被称为"胃肠清道夫"。因此，它是糖尿病患者和肥胖者的理想食品。

　　制粉：剥去块茎外皮，切成薄片，晒干或烘干；再磨成粉，用细筛筛去渣滓和粗纤维，即得魔芋粉。

# 鸭跖草

## 鸭跖草科（Commelinaceae）　　　鸭跖草属（*Commelina*）

[学　　名]　*Commelina communis* L.

[别　　名]　鸭趾草、碧竹子、淡竹叶、翠蝴蝶

[形态特征]　一年生披散草本。茎匍匐生根，多分枝，长达1米，上部被短毛。叶披针形至卵状披针形，长3～9厘米，宽1.5～2厘米。总苞片佛焰苞状，柄长1.5～4厘米，与叶对生，折叠状，展开心形，顶端短急尖，长1.2～2.5厘米，边缘常有硬毛；聚伞花序，下面一枝仅有1花，不孕；上面一枝有花3～4朵，具短梗，几乎不伸出佛焰苞；萼片膜质，长约5毫米，内面2枚常靠近或合生；花瓣深蓝色，内面2枚具爪，长近1厘米；雄蕊6枚，3枚能育。蒴果椭圆形，长5～7毫米，2室，2片裂，种子4颗；种子长2～3毫米，棕黄色，有不规则窝孔。花果期7～10月。

[生境分布]　常生于田边、路旁、沟渠附近等湿地。分布于云南、四川、甘肃以东的南北各地。

[食药价值]　嫩茎叶可炒食或作干菜。为消肿利尿、清热解毒之良药。

# 饭包草

## 鸭跖草科（Commelinaceae）　　　鸭跖草属（*Commelina*）

[学　　名]　*Commelina benghalensis* L.

[别　　名]　圆叶鸭跖草、火柴头、竹叶菜

[形态特征]　多年生匍匐草本。茎披散，多分枝，长可达70厘米，被疏柔毛。叶片卵形，长3～7厘米，宽1.5～3.5厘米，近无毛；叶鞘口沿有疏而长的睫毛，有明显的叶柄。总苞片佛焰苞状，柄极短，与叶对生，常数个集于枝顶，下部边缘合生而成扁的漏斗状，长0.8～1.2厘米，疏被毛；聚伞花序有花数朵，几不伸出佛焰苞；萼片膜质，长2毫米；花瓣蓝色，具长爪，长4～5毫米；雄蕊6枚，3枚能育。蒴果椭圆状，长4～6毫米，3室，3瓣裂。种子5颗，多皱，黑色。花期夏秋。

[生境分布]　喜生潮湿的地方。分布于河北及秦岭、淮河以南地区。

[食药价值]　嫩茎叶可食。全草入药，清热解毒，利水消肿。民间常用它来治疗疔疮，方法是将鲜饭包草捣碎，敷在患处即可。

# 水竹

## 禾本科（Poaceae） 刚竹属（*Phyllostachys*）

[学　　名] *Phyllostachys heteroclada* Oliver

[别　　名] 烟竹、水胖竹

[形态特征] 秆高1～6米，直径0.3～3厘米。幼时节下具白粉；节间长达30厘米；箨鞘无毛，背面深绿带紫色；箨叶（箨片）宽三角形至披针形，绿色或紫色，背部呈舟形隆起。末级小枝1～3叶；叶鞘上部常具微毛；无叶耳；叶舌短；叶片披针形或线状披针形，长5.5～12.5厘米，宽1～1.7厘米，下表面基部有毛。花枝呈紧密的头状，通常侧生于老枝上，基部托以4～6片逐渐增大的鳞片状苞片，如生于具叶嫩枝的顶端，则仅托以1～2片佛焰苞，如在老枝上的花枝则具佛焰苞2～6片。笋期5月。

[生境分布] 多生于河岸、灌丛或岩石山坡。为长江流域及其以南最常见的野生竹种。

[食药价值] 笋供食用。竹笋清热化痰、益气和胃，有预防便秘、大肠癌的功效，也是肥胖者减肥的佳品。

　　实心竹（*Phyllostachys heteroclada* f. *solida*），别名木竹。秆壁特别厚，在较细的秆中则为实心或近于实心。笋味鲜美，鲜食或加工笋干。

## 淡竹

### 禾本科（Poaceae）　　刚竹属（*Phyllostachys*）

［学　名］　*Phyllostachys glauca* McClure

［别　名］　粉绿竹、花皮淡竹

［形态特征］　秆高5～12米，直径2～5厘米。幼秆密被白粉，无毛，节间绿色，长5～40厘米，壁薄；秆环与箨环均稍隆起。箨鞘背部无毛，全部绿色，稍带淡红褐色斑与稀疏的棕色小斑点，常有深浅相同的纵条纹；无箨耳及鞘口繸毛；箨舌暗紫褐色，高约2～3毫米，截形，边缘有波状裂齿及细短纤毛；箨叶（箨片）披针形至带状。末级小枝具2～3叶；叶耳及鞘口繸毛早落；叶舌紫褐色；叶片长7～16厘米，宽1.2～2.5厘米，下面沿脉微生小刺毛。花枝呈穗状，长达11厘米，基部有3～5片逐渐增大的鳞片状苞片；佛焰苞5～7片。笋期4～5月。

［生境分布］　生于低山丘陵、平原及河滩。分布于黄河流域至长江流域各地，常见栽培。

［食药价值］　嫩笋食用。竹笋清热化痰、益气和胃，有预防便秘、大肠癌的功效，也是肥胖者减肥的佳品。

同属植物篾竹（*P.nidularia*），箨鞘背面新鲜时绿色，无斑点；箨耳大，三角形或镰形。末级小枝仅有1叶，稀2叶。

美竹（*P.mannii*），箨鞘背面紫色，常疏生紫褐色小斑点；箨耳无或有。末级小枝1～2叶。

毛金竹（*Phyllostachys nigra* var. *henonis*），秆壁厚。箨鞘背面红褐或带绿色，无斑点；箨耳长圆形至镰形。末级小枝2～3叶。

寒竹属平竹（*Chimonobambusa communis*），箨鞘早落，纸质，鲜笋时为墨绿色；无箨耳。末级小枝1～3叶。

上述竹类嫩笋均可食用。

## 菰

### 禾本科（Poaceae）　　菰属（*Zizania*）

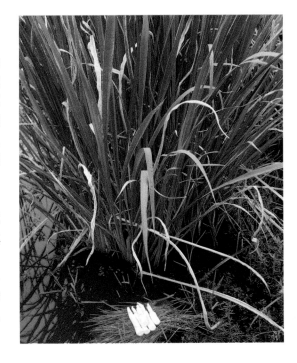

［学　名］　*Zizania latifolia*（Griseb.）Stapf

［别　名］　茭白、茭笋、茭儿菜、篙芭

［形态特征］　多年生挺水草本，具匍匐根状茎。秆高1～2米，直径约1厘米，基部节上生不定根。叶鞘长于节间，肥厚，有小横脉；叶舌膜质，长约1.5厘米；叶片长50～90厘米，宽1.5～3厘米。圆锥花序长30～50厘米，分枝多数簇生。雄小穗长1～1.5厘米，两侧扁，生于花序下部或分枝上部，带紫色，外稃5脉，内稃3脉，中脉成脊，具毛，雄蕊6枚。雌小穗圆筒形，长1.8～2.5厘米，多位于花序上部；外稃芒长2～3厘米。颖果圆柱形，长约1.2厘米。

［生境分布］　生于湖沼水边或池塘中。分布于我国南北各地，常见栽培。浙江余姚市和缙云县均为"中国茭白之乡"；安徽岳西县是"中国高山茭白之乡"。

［食药价值］　嫩茎感染菰黑粉菌（*Ustilago esculenta*）后，粗大肥嫩，称茭白，是美味蔬菜（茭白、莼菜与鲈鱼并称为"江南三大名菜"）；颖果称菰米，可食用。茭白可清热通便、除烦解酒，对黄疸型肝炎患者有益。

# 南荻

**禾本科（Poaceae）** **芒属（*Miscanthus*，原荻属）**

[学　　名] *Miscanthus lutarioriparius* L. Liu ex Renvoize & S. L. Chen

[别　　名] 胖节荻

[形态特征] 多年生高大竹状草本，根状茎发达。秆直立，深绿至紫褐色，有光泽，常被蜡粉，高5.5～7.5米，直径2～4.7厘米，具42～47节；节部膨大，秆环隆起，无毛，上部节具分枝，上部间长2～5厘米，中下部节间长20～24厘米。叶鞘无毛，与其节间近等长；叶舌具绒毛，耳部被细毛；叶片带状，长90～98厘米，宽约4厘米，边缘锯齿短，粗糙，中脉粗壮，白色。圆锥花序大型，长30～40厘米，主轴伸长达花序中部；小穗长约5.5毫米；两颖不等长。颖果黑褐色。花果期9～11月。变种、变型较多。

[生境分布] 生于江洲、湖滩上。分布于长江中下游以南各省。

[食药价值] 嫩芽做菜、制罐头，风味独特。宋欧阳修品尝南荻笋后曾发出"荻笋鲥鱼方有味，恨无佳客共杯盘"的感慨。荻笋含芦丁、维生素C，能降低血压、软化血管、减少胆固醇的吸收，因此可作为高血压和冠心病人的保健食材。湖南沅江芦笋（实为南荻笋）为国家农产品地理标志产品。

芦苇属芦苇（*Phragmites australis*），秆下部叶鞘短于其节间；叶舌边缘密生一圈短纤毛；叶片披针状线形，长30厘米，宽2厘米，无毛。圆锥花序长20～40厘米。嫩笋可食。

芦竹属芦竹（*Arundo donax*），叶鞘长于节间；叶舌截平，先端具短纤毛；叶片扁平，长30～50厘米，宽3～5厘米，上面与边缘微粗糙，基部白色，抱茎。圆锥花序长30～90厘米。

芦苇、芦竹和南荻三者容易混淆，但南荻叶片中脉明显白色。人们常把南荻误认为芦苇，习惯将其嫩芽称为芦苇笋，其实是不正确的。

天门冬科（原百合科）石刁柏（*Asparagus officinalis*），别名芦笋。直立草本。茎平滑，分枝柔弱；叶状枝每3～6枚成簇；叶鳞片状。雌雄异株；花1～4朵腋生，绿黄色。浆果熟时红色。嫩苗供蔬食。勿与芦苇笋、南荻笋混为一谈。

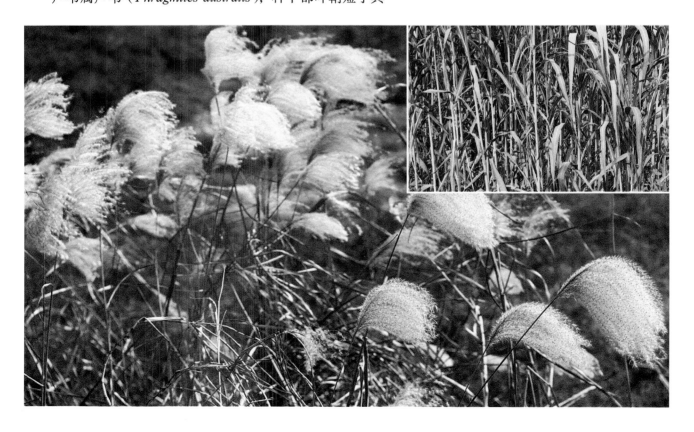

# 白茅

## 禾本科（Poaceae）    白茅属（*Imperata*）

[学　名]　*Imperata cylindrica*（L.）Beauv.

[别　名]　茅针、茅根、白茅根

[形态特征]　多年生草本，根状茎白色，粗而长。秆直立，高30～80厘米，具1～3节，节无毛。叶鞘聚集于秆基，长于节间；叶舌膜质，长约2毫米，分蘖叶片长约20厘米，宽约8毫米，扁平；秆生叶片长1～3厘米，窄线形，通常内卷，顶端渐尖呈刺状。圆锥花序稠密，长5～20厘米；小穗成对生于各节，长4.5～6毫米，含2朵小花，基部具白色丝状柔毛；雄蕊2枚；花柱细长，柱头2，紫黑色，羽状。颖果椭圆形，长约1毫米。花果期4～6月。

[生境分布]　多生于路旁、山坡、河岸草地及沙质草甸。分布几遍全国。

[食药价值]　嫩花苞（茅针、谷荻）可鲜食；根状茎榨汁制饮料、凉茶，也可酿酒。根状茎药用，具有凉血止血，清热解毒、利尿通淋的功效。

# 薏米

## 禾本科（Poaceae）    薏苡属（*Coix*）

[学　名]　*Coix lacryma-jobi* var. *ma-yuen*（Rom.Caill.）Stapf

[别　名]　苡米、马援薏苡、回回米

[形态特征]　一年生草本。秆高1～1.5米，多分枝。叶片宽大开展，无毛。总状花序腋生，雄花序位于雌花序上部。雌小穗位于花序下部，为甲壳质的总苞所包；总苞椭圆形，先端成颈状之喙，并具一斜口，基部短收缩，长0.8～1.2厘米，宽4～7毫米，有纵长直条纹，质地较薄，揉搓和手指按压可破，暗褐色或浅棕色。雄小穗长约9毫米，宽约5毫米；雄蕊3枚。颖果大，长圆形，长5～8毫米，宽4～6毫米，厚3～4毫米，腹面具宽沟，基部有棕色种脐，白色或黄白色。花果期7～12月。

[生境分布]　生于路旁、田边、河岸或山谷溪沟。分布于辽宁、河北、陕西、云南、贵州、四川及华东、中南等地区，常见栽培。贵州兴仁市（县）为"中国薏仁米之乡"。

[食药价值]　颖果又称苡仁，为保健价值很高的杂粮。苡仁入药有健脾、利尿、清热和镇咳之效；它的最大功效是祛湿。

　　学名中的"ma-yuen"是为纪念我国东汉马援将军，成语"薏苡之谤"记述的就是马援蒙冤的历史典故。

　　薏苡（*C.lacryma-jobi*）（原变种）颖果小，淀粉少。其总

苞坚硬、美观，为念佛穿珠用的菩提珠子，常制作手串，工艺价值较大。

## 香蒲

### 香蒲科（Typhaceae）　　香蒲属（*Typha*）

[学　　名]　*Typha orientalis* Presl

[别　　名]　东方香蒲、蒲菜

[形态特征]　多年生水生或沼生草本，直立，高 1.3～2 米。根状茎乳白色，粗壮。叶条形，长 40～70 厘米，宽 4～9 毫米，光滑无毛，上部扁平，下部腹面微凹，背面凸形，横切面呈半圆形，细胞间隙大，海绵状；基部鞘状，抱茎。穗状花序圆柱状，雌雄花序紧密连接；雄花序在上，长 2.7～9.2 厘米，花序轴具白色弯曲柔毛，自基部向上具 1～3 片叶状苞片，花后脱落；雌花序长 4.5～15.2 厘米，基部 1 片苞片，后脱落；雄花 2～4 枚雄蕊；雌花无小苞片，柱头匙形，不育雌蕊棍棒状。小坚果椭圆形，有一纵沟；种子褐色，微弯。花果期 5～8 月。

[生境分布]　生于水旁或沼泽中。分布于东北、华北、华东及陕西、云南、河南、湖南、广东等地区。

[食药价值]　嫩假茎、根状茎作蔬菜。花粉即蒲黄入药，具

有活血化瘀、止血镇痛、通淋的功效。

　　同属植物水烛（*T.angustifolia*）的雌雄花序相距 2.5～6.9 厘米。其用途同香蒲。

## 蘘荷

### 姜科（Zingiberaceae）　　姜属（*Zingiber*）

[学　　名]　*Zingiber mioga*（Thunb.）Rosc.

[别　　名]　野姜、阳藿、羊藿姜

[形态特征]　多年生草本，高 0.5～1 米。根状茎淡黄色，具辛辣味。叶片披针状椭圆形，长 20～37 厘米，宽 4～6 厘米，顶端尾尖，叶背无毛或被稀疏的长柔毛；叶柄长 0.5～1.7 厘米或无柄；叶舌 2 裂，膜质。穗状花序椭圆形，长 5～7 厘米；总花梗（花序梗、花序轴）长 1～6 厘米；苞片卵状长圆形，长 4～5 厘米；花萼管状，长 2～2.5 厘米；花冠管较萼为长，裂片披针形，白色；唇瓣淡黄色而中部颜色较深，卵形；药隔附属体长约 1 厘米。蒴果卵形，3 裂，果皮里面鲜红色；种子黑色，被白色假种皮。花期 8～10 月。

[生境分布]　生于山坡林边、山谷阴湿处。分布于我国东南部及陕西、甘肃、云南、贵州、四川等地区，野生或栽培。

[食药价值]　嫩花序、嫩叶可作蔬菜。根茎入药，温中理气，镇咳祛痰，消肿解毒；花序可治咳嗽，配生香榧治小儿百日咳有显效。蘘荷是一种营养价值很高的食药同源的膳食纤维蔬菜，对便秘、糖尿病有一定疗效。

　　同属植物阳荷（*Z.striolatum*），花紫色，唇瓣倒卵形。也作为野菜食用。云南文山州西畴县为"中国阳荷之乡"。

## 鸭舌草

### 雨久花科（Pontederiaceae）　　　雨久花属（*Monochoria*）

[学　　名]　*Monochoria vaginalis*（Burm. f.）Presl ex Kunth

[别　　名]　水锦葵、鸭儿嘴

[形态特征]　多年生水生草本。根状茎极短，具柔软须根。茎直立或斜上，高6～50厘米，全株光滑无毛。叶形和大小变化大，宽卵形、长卵形至披针形，长2～7厘米，宽0.8～5厘米，顶端渐尖，基部圆形或心形，全缘，弧形脉；叶柄长10～20厘米，基部扩大成鞘，鞘长2～4厘米，顶端有舌状体。总状花序从叶柄中部抽出，常有3～5花，蓝色；花梗（花柄）长不及1厘米；花被裂片6，披针形或卵形，长1～1.5厘米；雄蕊6枚，其中1枚较大。蒴果卵形，长约1厘米；种子多数，灰褐色，具纵条纹。花果期8～10月。

[生境分布]　生于稻田、沟旁、浅水池塘等湿地。分布于我国南北各地。

[食药价值]　嫩茎叶作蔬菜。全草入药，清热解毒，治痢疾、肠炎、急性扁桃体炎、丹毒和疔疮等症。

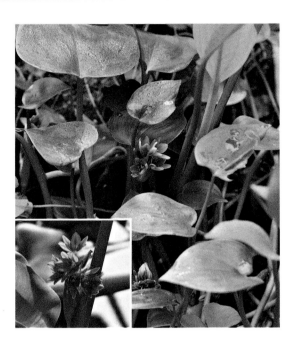

## 黄花菜

### 阿福花科（Asphodelaceae）　　　萱草属（*Hemerocallis*，原百合科）

[学　　名]　*Hemerocallis citrina* Baroni

[别　　名]　黄花、金针菜、柠檬萱草

[形态特征]　多年生草本。根近肉质，中下部常纺锤状膨大。叶基生，排成两列，条形，长0.5～1.3米，宽0.6～2.5厘米。花葶高0.85～1.1米，多花；苞片披针形，自下向上渐短；花淡黄色，有时花蕾顶端带黑紫色；花梗（花柄）较短，通常长不到1厘米；花被管长3～5厘米；花被裂片长6～12厘米，外轮的倒披针形，宽1～1.5厘米，内轮的长圆形，宽2～3厘米；雄蕊比花被裂片约短3厘米；花柱略比雄蕊长。蒴果钝三棱状椭圆形，长3～5厘米；种子约20多颗，黑色，有棱。花果期5～9月。

[生境分布]　生于山坡、山谷、草地或林缘。分布于河北、山西、四川、贵州、陕西、甘肃及华东大部、华中等地区，常见栽培。四川渠县和山西大同县均为"中国黄花之乡"；湖南祁东县是"中国黄花菜之乡"。

[食药价值]　花供食用；根可酿酒。花经过蒸、晒，加工成干菜，即金针菜或黄花菜；有健胃、利尿、消肿等功效。

鲜黄花不宜多食，特别是花药，因含有多种生物碱，会引起腹泻等中毒现象。

同属植物小黄花菜（*H.minor*），根较细，绳索状；花淡黄

色，通常1～2朵，花被管较短，长1～3厘米。

北黄花菜（*H.lilioasphodelus*），花序分枝，常为假二歧状的总状或圆锥花序，具4至多朵花。

小黄花菜和北黄花菜均可食用。

## 老鸦瓣

### 百合科（Liliaceae）　　老鸦瓣属（*Amana*，原郁金香属）

[学　　名]　*Amana edulis*（Miq.）Honda
[别　　名]　光慈姑、山慈姑
[形态特征]　多年生纤弱草本。鳞茎卵形，长 2～4 厘米，外皮褐色，纸质，里面生绒毛。茎高 10～25 厘米，常不分枝，无毛。叶基生，1 对，条形，长 10～25 厘米，宽 5～9 毫米，上面无毛；花葶单一或分叉成 2，高 6～15 厘米，具 2～3 枚条形苞片；花单生，花被片 6 片，披针形，长 2～3 厘米，白色，背面有紫脉纹；雄蕊 3 长 3 短，花丝无毛；子房长椭圆形；花柱长约 4 毫米。蒴果近球形，有长喙，长 5～7 毫米。花果期 3～5 月。
[生境分布]　生于山坡草地或路边。分布于辽宁、陕西及华中、华东等地区。

[食药价值]　鳞茎富含淀粉，可酿酒或提制酒精。药用，有清热解毒、消肿散结之效，治淋巴结结核。

## 野百合

### 百合科（Liliaceae）　　百合属（*Lilium*）

[学　　名]　*Lilium brownii* F. E. Br. ex Miellez
[别　　名]　白百合、布朗百合
[形态特征]　多年生直立草本，茎高 0.7～2 米，常具紫条纹。鳞茎球形，直径 2～4.5 厘米；鳞片披针形，长 1.8～4 厘米，宽 0.8～1.4 厘米。叶散生，披针形，长 7～15 厘米，宽 0.6～2 厘米，全缘，无毛。花单生或几朵排成近伞形；花梗（花柄）长 3～10 厘米；苞片披针形，长 3～9 厘米；花喇叭形，有香气，乳白色，外面稍带紫色，长 13～18 厘米；花被片 6 片；雄蕊 6 枚，向上弯，花丝长 10～13 厘米，下部常被柔毛，花药长 1.1～1.6 厘米；子房长约 3.5 厘米，花柱长 8.5～11 厘米，柱头 3 裂。蒴果长圆形，有棱。花果期 5～10 月。
[生境分布]　生于山坡、灌丛、溪旁或石缝中。分布于中南、华东及云南、贵州、四川、陕西、甘肃等地区。
[食药价值]　鳞茎富含淀粉，可食。药用，有润肺止咳、清热、安神和利尿等功效。

变种百合（*Lilium brownii* var. *viridulum*）与野百合的区别在于前者叶倒披针形至倒卵形。福建南平市延平区为"中国百合之乡"。

以下百合类鳞茎可供食用或作酿酒原料。

大百合属大百合（*Cardiocrinum giganteum*），茎中空。叶卵状心形或近宽长圆状心形，长 15～20 厘米，宽 12～15 厘米。总状花序有花 10～16 朵；花白色，里面具淡紫红色条纹。蒴果近球形。

荞麦叶大百合（*C.cathayanum*），约离茎基部 25 厘米处开始着生茎生叶，5～6 片排成假轮生，以上仅具 2～3 片较小的散生叶。总状花序 3～5 朵花。

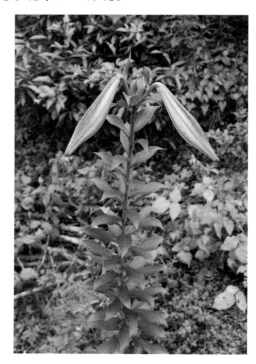

# 卷丹

## 百合科（Liliaceae）　　　百合属（*Lilium*）

[学　　名]　*Lilium tigrinum* Ker Gawl.
[别　　名]　卷丹百合、虎皮百合
[形态特征]　多年生草本，茎高 0.8～1.5 米，具白色绵毛。鳞茎宽球形，直径 4～8 厘米；鳞片宽卵形，长 2.5～3 厘米，宽 1.4～2.5 厘米，白色。叶长圆状披针形或披针形，长 6.5～9 厘米，宽 1～1.8 厘米，两面近无毛，有 5～7 条脉，上部叶腋具珠芽。花 3～6 朵或更多，橙红色，下垂；苞片叶状；花梗（花柄）长 6.5～9 厘米，花被片 6，披针形，反卷，具紫黑色斑点；雄蕊四面张开；花丝长 5～7 厘米，淡红色，无毛；花药长约 2 厘米；子房长 1.5～2 厘米，花柱长 4.5～6.5 厘米。蒴果狭长卵形，长 3～4 厘米。花果期 7～10 月。
[生境分布]　生于林缘、路旁及山坡草地。除新疆、黑龙江、内蒙古、云南、贵州外，分布于其他地区。湖南龙山县是全国规模最大的卷丹百合产区之一，"龙山百合"获评国

家地理标志保护产品。
[食药价值]　鳞茎富含淀粉，供食用；花可提取芳香油。药用，滋补强壮，镇咳祛痰，对肺结核及慢性气管炎有很好的疗效。

# 薤白

## 石蒜科（Amaryllidaceae）　　　葱属（*Allium*，原百合科）

[学　　名]　*Allium macrostemon* Bge.
[别　　名]　小根蒜、密花小根蒜、团葱
[形态特征]　多年生草本。鳞茎近球形，粗 0.7～2 厘米，基部常具小鳞茎，外皮灰黑色，纸质或膜质。叶 3～5 枚，半圆柱形，中空，长 15～30 厘米。花葶高 30～70 厘米，1/4～1/3 具叶鞘。总苞 2 裂，宿存；伞形花序球状，花多而密集，间有珠芽；花梗（花柄）近等长，比花被片长 3～5 倍，具苞片；花淡紫或淡红色；花被片长圆形至长圆状披针形，长 4～5.5 毫米；花丝比花被片稍长或长 1/3，基部三角形向上渐狭成锥形，仅基部合生并与花被贴生，内轮基部约为外轮基部宽的 1.5 倍；子房近球状，花柱伸出花被。花果期 5～7 月。
[生境分布]　生于山坡、丘陵、山谷或草地。除新疆、青海外，其他地区均有分布，少数地区有栽培。
[食药价值]　叶、鳞茎可作蔬菜。鳞茎入药，可通阳散结，行气导滞。主治胸痹心痛彻背、咳喘痰多、脘腹疼痛等症。有文献报道薤白对冠心病心绞痛有良好的食疗作用。

　　葱属有多种野生植物可供蔬食。
　　野葱（*A.chrysanthum*），鳞茎圆柱状至狭卵状圆柱形；叶圆柱状，中空，比花葶短。
　　天蒜（*A.paepalanthoides*），鳞茎单生；叶宽条形至条状披针形，比花葶短或近等长。
　　茖葱（*A.victorialis*），叶 2～3 枚，倒披针状椭圆形至椭圆形，长 8～20 厘米，宽 3～9.5 厘米，基部楔形。

卵叶韭（*A.ovalifolium*），叶 2 枚，稀 3 枚，披针状长圆形至卵状长圆形，长 6～15 厘米，宽 2～7 厘米，基部圆形至浅心形。

# 绵枣儿

## 天门冬科（Asparagaceae） 绵枣儿属（*Barnardia*，原百合科）

[学　　名] *Barnardia japonica*（Thunb.）Schult. & J. H. Schult.

[别　　名] 石枣儿、天蒜、地枣、粘枣

[形态特征] 多年生草本，高10～30厘米。鳞茎卵圆形，皮黑褐色，高2～5厘米，宽1～3厘米。叶基生，常2～5枚，狭带状，长15～40厘米，宽2～9毫米。花葶通常比叶长；总状花序长2～20厘米；花梗（花柄）长0.5～1.2厘米，基部具1～2枚细条形的膜质苞片；花紫红至白色；花被片6，椭圆形，长2.5～4毫米，宽约1.2毫米，顶端常具增厚的小钝头；雄蕊稍短于花被片；子房长1.5～2毫米，基部有短柄，3室，每室1胚珠；花柱长约为子房的一半至2/3。蒴果倒卵形，长3～6毫米；种子1～3颗，黑色。花果期7～11月。

[生境分布] 生于山坡、草地、路旁或林缘。除新疆、青海、西藏外，其他地区均有分布。

[食药价值] 鳞茎可食用。嵩山绵枣儿是河南郑州市中州土特名产。全草药用，强心利尿，消肿止痛，解毒。治跌打损伤、腰腿疼痛、牙痛；鲜鳞茎捣烂外敷治痈疽、乳腺炎。

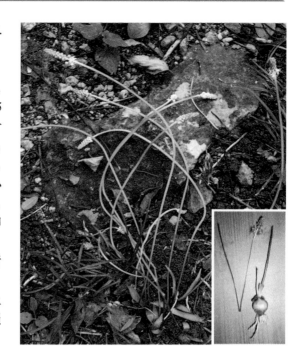

# 多花黄精

## 天门冬科（Asparagaceae） 黄精属（*Polygonatum*，原百合科）

[学　　名] *Polygonatum cyrtonema* Hua

[别　　名] 姜状黄精、长叶黄精

[形态特征] 多年生草本，高0.5～1米。根状茎肥厚，常连珠状或结节成块。叶互生，10～15枚，椭圆形、卵状披针形至长圆状披针形，长10～18厘米，宽2～7厘米，先端尖至渐尖。花序腋生，伞形，总花梗（花序梗、花序轴）长1～6厘米，花梗（花柄）长0.5～3厘米；苞片小或不存在；花被黄绿色，合生呈筒状，全长1.8～2.5厘米，裂片6，长约3毫米；雄蕊6枚，花丝具乳头状突起至具短绵毛，顶端稍膨大至具囊状突起；子房长3～6毫米，花柱长1.2～1.5厘米。浆果黑色，直径约1厘米；种子3～9颗。花果期5～10月。

[生境分布] 生于林下、灌丛或山坡阴处。分布于四川、贵州及中南和华东等地区。

[食药价值] 嫩苗、根状茎可做菜；制糕点、熬糖。根状茎在我国南方地区作中药"黄精"用，有滋养强壮功效，用于病后虚弱、腰腿疲软、肺结核、盗汗及糖尿病等症。

黄精（*P.sibiricum*），根状茎圆柱状，直径1～2厘米。叶轮生，每轮4～6枚，条状披针形，先端拳卷或弯曲成钩。花序常2～4朵花，总花梗长1～2厘米，花梗长0.25～1厘米；苞片膜质，钻形或条状披针形，长3～5毫米；花被乳白色至淡黄色。

我国野生黄精属植物种质资源丰富，蕴藏量大。黄精集药用、食用、观赏和美容于一身，现已开发出九制黄精、黄精含片、黄精茶、黄精酒和黄精糕点等系列产品。福建三明市梅列区为"中国黄精之乡"。

## 玉竹

### 天门冬科（Asparagaceae） 黄精属（*Polygonatum*，原百合科）

[学　　名] *Polygonatum odoratum*（Mill.）Druce
[别　　名] 尾参、地管子、铃铛菜、萎
[形态特征] 多年生草本，高20～50厘米。根状茎圆柱形，直径0.5～1.4厘米。叶互生，7～12枚，椭圆形至卵状长圆形，长5～12厘米，宽3～16厘米，顶端尖，下面脉上平滑至呈乳头状粗糙。花序腋生，常具1～4花，总花梗（花序梗、花序轴）长1～1.5厘米；花被黄绿至白色，合生呈筒状，全长1.3～2厘米，裂片6片，长约3～4毫米；雄蕊6枚，花丝着生近花被筒中部，近平滑至具乳头状突起；子房长3～4毫米，花柱长1～1.4厘米。浆果蓝黑色，直径0.7～1厘米；种子7～9颗。花果期5～9月。
[生境分布] 生于山野、林下及灌丛。除华南及云南、贵州外，分布于其他地区，野生或栽培。湖南邵东县为中国"玉竹之乡"。

[食药价值] 嫩苗、根状茎作蔬菜。果实有毒！根状茎入药，系中药"玉竹"，为滋养强壮剂；治身体虚弱、多汗、多尿及遗精等。目前已开发出玉竹饼、玉竹茶、玉竹果脯、玉竹果糖和玉竹粉等保健食品。

## 牛尾菜

### 菝葜科（Smilacaceae） 菝葜属（*Smilax*，原百合科）

[学　　名] *Smilax riparia* A. DC.
[别　　名] 草菝葜、软叶菝葜、白须公、马尾伸根
[形态特征] 多年生草质藤本，具根状茎。茎长1～2米，中空，少髓，干后凹瘪，具槽，无刺。叶较厚，卵形、椭圆形至长圆状披针形，长7～15厘米，宽2.5～11厘米，下面绿色，无毛；叶柄长0.7～2厘米，一般具卷须。雌雄异株，花淡绿色，排成伞形花序；总花梗（花序梗、花序轴）纤细，长3～10厘米；苞片长1～2毫米，在花期一般不落；雄花花被片6片，长4～5毫米；雌花比雄花略小。浆果球形，直径7～9毫米，成熟时黑色。花果期6～10月。
[生境分布] 生于林下、灌丛、山沟或山坡草丛中。除内蒙古、四川、西藏及西北外，分布于其他地区。
[食药价值] 嫩苗可食。根状茎入药，有祛风活络、止咳祛痰的功效。

# 菝葜

## 菝葜科（Smilacaceae）　　菝葜属（*Smilax*，原百合科）

[学　　名]　*Smilax china* L.

[别　　名]　金刚兜、金刚刺、金刚藤

[形态特征]　落叶攀缘灌木。根状茎坚硬，为不规则块状，粗 2～3 厘米。茎长 1～5 米，疏生刺。叶薄革质或坚纸质，干后通常红褐色或近古铜色，宽卵形或圆形，长 3～10厘米，宽 1.5～10 厘米，下面淡绿色，有时具粉霜；叶柄长 0.5～1.5 厘米，约占全长的 1/2～2/3 具狭鞘，鞘一侧宽0.5～1 毫米，几乎全部有卷须。雌雄异株，伞形花序生于叶尚幼嫩的小枝上；总花梗（花序梗、花序轴）长 1～2 厘米；花绿黄色，花被片 6 片，两轮排列；雄花雄蕊 6 枚；雌花与雄花大小相似，具退化雄蕊。浆果球形，直径 0.6～1.5厘米，成熟时红色。花果期 2～11 月。

[生境分布]　生于林下、灌丛、路旁和山坡。分布于华东、中南及西南地区。

[食药价值]　嫩茎叶沸水焯熟，捞出晾干后，可炒食、凉拌或做汤；根状茎富含淀粉，可酿酒。根状茎入药，有祛风活血的作用，治风湿关节炎、跌打损伤、糖尿病、癌症等。

　　同属植物黑果菝葜（*S.glaucochina*），别名粉菝葜。叶厚纸质，通常椭圆形，长 5～20 厘米，宽 2.5～14 厘米，先端微凸，基部圆形或宽楔形，下面苍白色；叶柄长 0.7～2.5厘米，约占全长的一半具鞘。伞形花序具几朵或 10 余朵花。

浆果直径 7～8 毫米，熟时黑色。根状茎食药两用。

　　土茯苓（*S.glabra*），别名光叶菝葜、冷饭团、硬板头。常绿攀缘灌木。根状茎块状。枝条光滑，无刺。叶薄革质，狭椭圆状披针形，长 6～15 厘米，宽 1～7 厘米，下面通常绿色；叶柄长 0.5～2 厘米，有卷须。浆果球形，直径 0.7～1 厘米，熟时紫黑色。根状茎富含淀粉，可制糕点或酿酒。根状茎入药，利湿热解毒，健脾胃。土茯苓所含的甾体皂苷，有预防动脉粥样硬化和抗血栓的作用。

# 日本薯蓣

## 薯蓣科（Dioscoreaceae）    薯蓣属（*Dioscorea*）

[学　　名]　*Dioscorea japonica* Thunb.

[别　　名]　野山药、野白菇、土淮山、风车子

[形态特征]　多年生缠绕草质藤本。块茎长圆柱形，直径3厘米左右，外皮棕黄色，断面白色。茎右旋，细长，光滑无毛。单叶，茎下部叶互生，中部以上的对生，叶腋内常有珠芽；叶片纸质，叶形变化大，常为三角状披针形，长椭圆状狭三角形至长卵形，长3～19厘米，宽1～18厘米，顶端尖，基部心形或戟形，全缘，两面无毛；叶柄长1.5～6厘米。雌雄异株，穗状花序腋生；雄花序直立，雄花绿白色或淡黄色，花被片有紫色斑纹，圆形或椭圆形；雄蕊6枚；雌花序下垂。蒴果三棱状扁圆形，不反折；种子广卵形，周围有膜质翅。花果期5～11月。

[生境分布]　喜生于向阳山坡、灌丛或林下。分布于西南、中南及华东地区。

[食药价值]　块茎富含淀粉，可供食用、做糕点、酿酒。块茎入药为强壮健胃剂，具有极显著的降血糖和降血脂功能，与薯蓣（*D.Polystachya*，别名山药）的作用相同。

同属植物参薯（*D.alata*），别名大薯、脚板薯。野生的块茎多为长圆柱形，栽培的变异大；块茎外皮褐色、紫黑色或淡灰黄色。茎通常有4条狭翅，基部有时具刺。叶片卵形至卵圆形，长6～20厘米，宽4～13厘米；叶柄长4～15厘米。块茎可蔬可药，有滋补强壮的作用。

# 主要参考文献

车晋滇，2012．二百种野菜鉴别与食用手册［M］．北京：化学工业出版社．

戴玉成，周丽伟，杨祝良，等，2010．中国食用菌名录［J］．菌物学报，29（1）：1-21．

傅书遐，2002．湖北植物志（1~4卷）［M］．武汉：湖北科技出版社．

黄年来，1998．中国大型真菌原色图谱［M］．北京：中国农业出版社．

李传华，曲明清，曹晖，等，2013．中国食用菌普通名名录［J］．食用菌学报，20（3）：50-72．

李玉，李泰辉，杨祝良，等，2015．中国大型菌物资源图鉴［M］．北京：科学出版社．

《全国中草药汇编》编写组，1992．全国中草药汇编（上、下册）［M］．北京：人民卫生出版社．

中华人民共和国商业部土产废品局，等，2012．中国经济植物志（上、下册）［M］．北京：科学出版社．

《中国高等植物彩色图鉴》编委会，2016．中国高等植物彩色图鉴（1~9卷）［M］．北京：科学出版社．

中国科学院植物研究所，1972．中国高等植物图鉴（1~5册）［M］．北京：科学出版社．

中国科学院中国植物志编辑委员会，2004．中国植物志（126册）［M］．北京：科学出版社．

PPBC中国植物图像库——最大的植物分类图片库 http://ppbc.iplant.cn/

# 中名（正名、别名）索引

**A**

矮桃　73
艾　141
艾草　144
艾蒿　141
安康凤丫蕨　22
安南草　142
凹头苋　47

**B**

八角刺　101
八仙草　132
八月白　114
八月瓜　28
八月炸　28
菝葜　163
白百合　159
白苞蒿　140
白背木耳　7
白带草　67
白果　24
白蒿　139
白花败酱　134
白花菜　63
白花菜　75
白花草　63
白花石芥菜　66
白花碎米荠　66
白活麻　35
白鹃梅　75
白簕树　111
白栎　43
白龙骨　35
白茅　156
白茅根　156

白牛肝　14
白皮栎　42
白蛇麻　35
白苏　125
白须公　162
白榆　30
白玉兰　24
白云草　136
百日红　45
斑蓼　53
半边菜　66
半含春　98
半蒴苣苔　128
蚌壳草　102
棒栗　39
包袱花　129
苞脚菇　11
枹栎　42
枹树　42
宝岛碎米荠　67
宝塔菜　122
抱君子　99
豹皮樟　25
北风菌　9
北五味子　26
奔马草　123
崩大碗　112
碧竹子　152
薜荔　32
萹蓄　52
扁竹　52
变豆菜　113
冰粉树　32
波罗树　102
播娘蒿　70
薄荷　124

布朗百合　159

**C**

菜子七　66
糙皮侧耳　9
草菝葜　162
草菇　11
草决明　89
草石蚕　122
草藤　95
草头　90
草杨梅子　85
侧耳根　26
权八果　133
插田藨　84
插田泡　84
茶海棠　79
长命菜　49
长裙竹荪　45
长松萝　18
长叶黄精　161
常春油麻藤　97
常绿油麻藤　97
朝天委陵菜　87
车轮草　127
车前　127
扯丝皮　29
赤参　123
赤梨　79
赤首乌　54
赤芝　8
翅果菊　147
冲菜　64
椆　40
臭冲柴　119
臭黄荆　119

樗叶花椒　110
楮桃　31
褚桃　31
川七　50
垂盆草　74
春甜树　108
春阳树　108
椿　108
椿芽　108
椿叶花椒　110
莼菜　28
慈姑　150
刺菜　146
刺葱　110
刺儿菜　143
刺儿槐　91
刺枫树　111
刺花　80
刺槐　91
刺椒　109
刺老鸦　112
刺梨　81
刺梨子　80
刺犁头　54
刺莲藕　27
刺龙牙　112
刺莓　83
刺葡萄　104
刺楸　111
刺球菜　144
刺桐　111
刺苋　46
楤木　112
枞树菇　14
粗木耳　7
粗皮青冈　41

酢浆草　110
翠蝴蝶　152

**D**

打碗花　118
大薄荷　120
大巢菜　94
大刺儿菜　143
大耳毛　136
大花椒　109
大蓟　143
大脚菇　14
大金钱草　112
大苦酊　102
大力子　143
大马勃　13
大马蓼　53
大蔓茶藨　75
大青　119
大山枣　76
大秃马勃　13
大叶冬青　102
大叶碎米荠　66
丹参　123
单齿樱花　88
淡竹　154
淡竹叶　152
倒扣草　48
道拉基　129
稻草菇　11
稻槎菜　145
灯笼草　117
灯笼草　145
灯笼树　106
地肤　43
地牯牛　122
地瓜　33
地瓜儿苗　124
地管子　162
地果　33
地胡椒　118
地米菜　65
地木耳　2

地皮菜　2
地枇杷　33
地参　124
地笋　124
地踏菇　2
地榆　82
地枣　161
滇苦菜　146
滇苦荬菜　146
东方香蒲　157
东风菜　136
冬菠　82
冬菇　9
冬牛　82
冬苋菜　59
豆瓣菜　68
豆腐草　119
豆腐柴　119
〔豆劳〕豆　96
豆梨　79
豆叶菜　93
独行菜　65
杜鹃　70
杜鹃花　70
杜梨　78
杜仲　29
端阳蒿　141
短柄枹栎　42
短柄荚蒾　135
多花黄精　161
多花蔷薇　80
多头苦荬　149
多头莴苣　149

**E**

鹅肠菜　51
鹅肠草　51
鹅耳伸筋　51
鹅脚板　114
鹅里腌　145
恶鸡婆　146
恶实　143
遏蓝菜　56

二翅六道木　134
二翅糯米条　134
二月兰　64
二月蓝　64

**F**

番木鳖　62
翻白草　86
繁缕　51
反枝苋　46
饭包草　152
费菜　74
粉蕨　21
粉绿竹　154
风车子　164
风花菜　69
风丫草　22
风丫蕨　22
佛耳草　137
伏地菜　118
苤菜　150
茯灵　8
茯苓　8
茯菟　8
腐婢　119
附地菜　118

**G**

甘露子　122
刚毛藻　3
杠板归　54
高丽悬钩子　84
高粱泡　82
篙芭　154
革命菜　142
葛　97
葛勒子秧　34
葛藟　104
葛藟葡萄　104
葛藤　97
葛仙米　2
公罗锅底　61
公母草　93

公孙树　24
狗奶子　117
狗尾草　45
狗牙草　74
枸骨　101
枸杞　117
枸杞菜　117
构耳　7
构菌　9
构树　31
菰　154
鼓钉刺　111
鼓钉树　110
瓜蒌　62
瓜楼　62
栝楼　62
挂金灯　117
拐枣　103
观音菜　43
观音草　119
贯叶蓼　54
光瓣堇菜　60
光慈姑　159
光叶葡萄　104
广布野豌豆　95
鬼馒头　32
鬼芋　151
国槐　90
过山龙　97

**H**

蛤蟆草　127
蛤蟆叶　127
孩儿参　50
海蚌含珠　102
旱莲草　137
旱柳　63
蔊菜　67
蔊菜　69
合欢　88
合香　120
何首乌　54
河柳　63

核桃楸　37
鹤虱草　116
黑木耳　6
黑枣　73
红背叶　142
红丹参　123
红姑娘　117
红花草籽　92
红铧头草　60
红梅消　85
红参　49
红丝毛　73
红芝　8
红子　76
猴楂　77
猴楂子　76
猴爪子　77
弧茎堇菜　61
胡桃楸　37
胡颓子　98
湖北海棠　79
湖北山楂　76
湖北楤木　112
槲栎　42
虎葛　105
虎皮百合　160
虎杖　55
花红茶　79
花脸蘑　10
花脸香蘑　10
花魔芋　151
花皮淡竹　154
花楸　78
花叶滇苦菜　146
华茶藨　75
华蔓茶藨子　75
华中山楂　77
华中碎米荠　66
华中樱桃　88
怀牛膝　48
槐　90
槐树　90
黄鹌菜　148

黄儿茶　108
黄瓜菜　149
黄瓜假还阳参　149
黄瓜香　82
黄瓜香　118
黄花　158
黄花菜　158
黄花草子　90
黄花地丁　145
黄花楸　129
黄花枝香草　148
黄金莲　27
黄菊仔　138
黄连茶　108
黄连木　108
黄桑　34
黄山榆　78
黄栀子　131
灰菜　44
灰藋　44
灰灰菜　44
回回米　156
活血丹　120
火把果　76
火柴头　152
火棘　76
火麻　35
藿香　120

**J**

鸡儿肠　51
鸡毛菜　87
鸡肉菜　139
鸡肉花　59
鸡桑　31
鸡矢藤　132
鸡屎藤　132
鸡头荷　27
鸡头莲　27
鸡头米　27
鸡腿菜　60
鸡腿根　86
鸡腿菇　12

鸡腿堇菜　60
鸡腿蘑　12
鸡眼草　93
鸡爪参　86
鸡爪树　103
积雪草　112
集桑　31
蕺菜　26
荠　65
荠菜　65
荠苎　123
家艾　141
家桑　30
家茵陈　139
家榆　30
荚蒾　135
假黄麻　58
假绿豆　89
假人参　49
假茼蒿　142
尖栗　39
剪刀菜　136
剪刀草　150
姜状黄精　161
降龙草　128
茭白　154
茭儿菜　154
茭笋　154
绞股蓝　61
桔梗　129
金刚刺　163
金刚兜　163
金刚藤　163
金瓜果　75
金花菜　90
金钱草　120
金荞麦　55
金雀花　92
金银花　133
金银藤　133
金樱子　80
金针菜　158
金针菇　9

堇菜　61
堇堇菜　61
锦鸡儿　92
荆菜　126
荆芥　126
景天三七　74
净瓶　52
鸠酸　110
灸草　141
九层塔　126
救荒野豌豆　94
救军粮　76
菊花郎　138
菊花脑　138
蒟蒻　151
锯锯藤　34
苣荬菜　147
卷丹　160
卷丹百合　160
决明　89
蕨　21
蕨菜　21
君迁子　73

**K**

康拉樱　88
柯　40
空心泡　83
苦菜　134
苦菜　148
苦茶槭　106
苦柴子　135
苦爹菜　114
苦丁茶　102
苦津茶　106
苦苣菜　146
苦落藜　44
苦马菜　146
苦荬菜　149
苦荞头　55
苦糖果　133
苦条枫　106
苦荬苣　147

苦槠　39
苦槠栲　39
裤裆果　133
筷子树　129
宽裂沙参　130
宽叶冬青　102

L

拉拉藤　34
拉拉藤　132
腊菜　64
辣枫树　111
辣辣菜　65
辣蓼　53
辣柳菜　53
辣子草　138
癞蛤蟆草　123
癞头果　101
兰布政　85
兰花菇　11
蓝布正　113
狼萁　20
老虎刺　101
老虎牙　20
老鼠拉冬瓜　62
老鼠眼　98
老翁须　133
老鸦瓣　159
老鸦碗　112
劳苋菜　46
勒草　34
勒苋菜　46
雷公根　112
雷窝子　11
梨丁子　79
藜　44
藜蒿　140
鳢肠　137
栎　41
荔枝草　123
连钱草　120
莲子草　48
凉粉草　137
凉粉果　32

凉粉树　32
凉粉子　32
两型豆　96
两叶豆苗　93
辽东楤木　112
辽堇菜　60
裂叶荨麻　35
裂叶山牛蒡　144
铃铛菜　162
铃铛花　129
灵芝　8
菱角　100
柳莓　36
柳树　63
龙船泡　83
龙舌草　151
龙牙草　81
龙芽草　81
蒌蒿　140
芦蒿　140
庐山楼梯草　35
栌兰　49
路边黄　138
路边菊　135
路边青　85
路边青　119
鹿藿　98
鹿梨　79
栾华　106
栾树　106
卵子草　127
轮叶党参　130
罗勒　126
罗田甜柿　72
螺蛳菜　122
落豆秧　95
落葵薯　50
驴奶果　133
绿苋　47
葎草　34

M

麻菇　11
麻栎　41

马齿苋　49
马德拉藤　50
马兰　135
马兰头　135
马尿花　150
马尾伸根　162
马苋　49
马缨花　88
马援薏苡　156
麦蒿　70
麦瓶草　52
麦穗夏枯草　121
满天星　48
蔓胡颓子　99
芒萁　20
芒萁骨　20
芒种草　128
毛板栗　38
毛柄金钱菌　9
毛鬼伞　12
毛栗　38
毛连连　148
毛木耳　7
毛葡萄　103
毛头鬼伞　12
毛枣子　77
矛状紫萁　20
茅草菇　14
茅根　156
茅栗　38
茅莓　85
茅针　156
美味牛肝菌　14
美味羊肚菌　6
猕猴桃　57
米米蒿　70
米瓦罐　52
密花小根蒜　160
绵茵陈　139
绵枣儿　161
面条菜　52
蘑菇　11
魔芋　151
墨菜　137

牡蒿　139
木半夏　99
木鳖子　62
木耳　6
木猴梨　77
木姜子　25
木角豆　129
木槿　59
木兰　24
木栏牙　106
木莲　32
木栾　106
木通　29

N

奶浆果　33
南荻　155
南鹤虱　116
南苦苣菜　147
南苜蓿　90
南沙参　131
南酸枣　107
南烛　71
泥胡菜　144
拟球状念珠藻　2
拟鼠麹草　137
娘娘袜　92
鸟不宿　101
柠檬萱草　158
牛蒡　143
牛耳朵　128
牛繁缕　51
牛磕膝　48
牛马藤　97
牛皮冻　132
牛舌头　56
牛脱　99
牛尾菜　162
牛膝　48
牛膝菊　138
糯饭果　62
糯米菜　36
糯米草　36
糯米莲　36

糯米藤 36
糯米团 36
女萝 18
女青 132

**O**

欧夏枯草 121

**P**

爬拉殃 132
排香草 120
攀倒甑 134
胖节荻 155
泡泡草 117
蓬蘽 82
蓬蘽 84
平菇 9
苹 22
苹果草 68
萍蓬草 27
萍蓬莲 27
蘋 22
泼盘 84
婆婆丁 145
婆婆纳 127
破铜钱 22
铺地委陵菜 87
蒲菜 157
蒲公英 145
葡堇菜 61
朴菇 9
普通念珠藻 2
普贤菜 66

**Q**

七叶胆 61
齐头蒿 139
奇异果 57
棋盘菜 59
掐不齐 93
千筋树 78
千岁蘽 104
荨麻 35

前胡 115
芡实 27
墙靡（蘼） 80
蔷薇莓 83
青冈 40
青冈栎 40
青茎薄荷 120
青蘑 9
青钱柳 37
青桐 58
青蛙草 123
青葙 45
清明菜 137
秋苦荬菜 149
球果蔊菜 69
曲麻菜 147
取麻菜 147
拳头菜 21
雀儿菜 67
雀野豆 95

**R**

蘘荷 157
忍冬 133
日本凤丫蕨 22
日本薯蓣 164
绒蒿 139
绒花树 88
绒毛葡萄 103
如意草 61
软木栎 41
软叶菝葜 162
软枣 73
瑞草 8

**S**

三九菇 14
三叶木通 28
三月泡 84
三籽两型豆 96
桑 30
桑树 30
缫丝花 81

扫巴菌 7
扫把菇 7
扫帚菜 43
沙蒺藜 92
沙连泡 36
沙参 131
山苍树 25
山慈姑 159
山蛤芦 136
山核桃 38
山胡椒 25
山化树 37
山鸡椒 25
山鸡头子 80
山姜子 25
山芥菜 66
山苦荬 148
山兰 128
山梨 77
山荔枝 101
山麻柳 37
山毛桃 87
山莓 83
山牛蒡 144
山葡萄 104
山芹菜 113
山桑 31
山石榴 70
山柿 72
山苏子 121
山桃 87
山莴苣 147
山油茶 57
山油柿 72
山萸肉 100
山枣 107
山枣子 82
山枣子 107
山茱萸 100
蛇倒退 54
深裂苦荬菜 149
神仙叶 134
生血丹 86

省沽油 105
石壁花 18
石耳 18
石栎 40
石木耳 18
石枣儿 161
食茱萸 110
守宫槐 90
鼠曲草 137
树挂 18
树莓 83
栓皮栎 41
双翅六道木 134
双肾草 127
双珠草 127
水案板 28
水白菜 151
水鳖 150
水菠菜 128
水薄荷 124
水车前 151
水骨菜 20
水蓼菜 68
水蒿 140
水荷叶 116
水锦葵 158
水苦荬 128
水葵 116
水辣菜 139
水蓼 53
水麻 36
水麻桑 36
水麻叶 36
水绵 3
水胖竹 153
水泡菜 128
水芹 115
水芹菜 114
水芹菜 115
水生菜 68
水田荠 68
水田芥 68
水田碎米荠 68

水条　105
水桐楸　129
水莴苣　128
水杨梅　85
水榆　78
水榆花楸　78
水芋　150
水竹　153
丝棉皮　29
思仲　29
四孢蘑菇　11
四季菜　140
四季还阳　74
四角刻叶菱　100
四叶菜　22
四叶参　130
四月泡　83
四照花　101
四籽野豌豆　94
松菇　10
松口蘑　10
松茸　10
松乳菇　14
松上寄生　18
松树蘑　14
松蕈　10
楤木　112
酸醋酱　110
酸浆　117
酸溜溜　56
酸模　56
酸模叶蓼　53
酸汤杆　55
酸汤杆　135
酸筒杆　55
酸味草　110
酸枣　76
碎米荠　67

T

太子参　50
痰切豆　98
棠梨　78

塘葛菜　69
藤胡颓子　99
藤花　91
藤三七　50
天荞麦　55
天青地白　86
天蒜　161
天仙菜　2
天仙米　2
田荠　145
田木耳　2
田野蘑菇　11
田字草　22
甜棒子　98
甜果木通　28
甜麻　58
甜柿　72
莴　95
莴子　94
铁稠　40
铁芒萁　20
铁苋菜　102
铜锤草　138
铜钱草　112
头状马勃　13
头状秃马勃　13
透骨消　120
土薄荷　124
土柴胡　139
土大黄　56
土当归　115
土淮山　164
土人参　49
土三七　74
兔耳草　118
团葱　160

W

歪头菜　93
弯曲碎米荠　67
万花针　109
万字果　103
网纱菇　15

望春花　24
薇　95
尾参　162
委陵菜　86
菱　162
文光果　81
卧茎景天　74
乌豆　96
乌饭树　71
乌饭叶　71
乌蔹莓　105
梧桐　58
五倍子　107
五倍子树　107
五加　111
五加皮　111
五角叶葡萄　103
五味子　26
五行草　49
五眼果　107
五叶路刺　111
五爪龙　105

X

西风谷　46
西南水芹　114
西洋菜　68
细果野菱　100
细皮青冈　42
细柱五加　111
虾钳菜　48
狭叶慈姑　150
夏枯草　121
夏枯球　121
仙草　8
仙鹤草　81
苋菜　46
线叶水芹　114
腺茎独行菜　65
香草　126
香椿　108
香椒　109
香蒲　157

香苏　125
湘西甜柿　72
橡碗树　41
向阳花　138
杨枣七　35
小白栎　43
小巢菜　95
小根蒜　160
小核桃　38
小灰包　12
小灰球菌　12
小蓟　143
小苦苣　148
小苦药　61
小藜　44
小马勃　12
小乔菜　94
小水田荠　68
小旋花　118
小叶桑　31
薤白　160
杏叶沙参　130
杏叶沙参　131
苲菜　116
莕菜　116
续断菊　146
旋栗　39
雪汀菜　128
血榑　39

Y

鸭儿芹　113
鸭儿嘴　158
鸭脚艾　140
鸭脚板　113
鸭脚芹　113
鸭脚子　24
鸭舌草　158
鸭跖草　152
鸭趾草　152
鸭子食　147
崖椒　109
阉鸡尾　73

烟竹　153
岩菇　18
岩石榴　32
盐肤木　107
盐肤子　107
燕尾菜　136
羊不来　99
羊肚菜　6
羊肚菌　6
羊藿姜　157
羊角菜　63
羊开口　29
羊奶参　130
羊奶子　98
羊乳　130
羊桃　57
羊蹄　56
扬子黄肉楠　25
阳藿　157
阳桃　57
洋槐　91
仰卧委陵菜　87
摇钱树　37
药瓜　62
野白菇　164
野百合　159
野薄荷　124
野慈姑　150
野大豆　96
野当归　115
野葛　97
野海棠　79
野核桃　37
野胡萝卜　116
野花红　79
野花椒　109
野黄豆　96
野藿香　121
野鸡冠花　45
野姜　157
野堇菜　60
野菊　138

野葵　59
野腊菜　64
野梨子　78
野栗子　38
野菱　100
野菉豆　94
野马齿苋　74
野木瓜　29
野葡萄　104
野蔷薇　80
野荞麦　55
野芹菜　115
野山药　164
野山楂　77
野柿　72
野苏麻　125
野桃　87
野苕子　94
野茼蒿　142
野豌豆　94
野苋　47
野香蕉　29
野油茶　57
野芝麻　121
夜合树　88
夜交藤　54
叶下白　86
叶下红　142
一白草　86
一点红　142
苡米　156
异叶茴芹　114
异叶假繁缕　50
异叶榕　33
异叶天仙果　33
益母草　122
益母蒿　122
益母花　122
薏米　156
阴阳豆　96
茵陈蒿　139
银桑叶　106

银条菜　69
银杏　24
印度薄菜　69
应春花　24
硬毛果野豌豆　95
硬毛碎米荠　67
映山红　70
油茶　57
娱蚣七　35
鱼鳅串　135
鱼腥草　26
榆　30
榆树　30
羽裂黄瓜菜　149
雨花菜　105
玉兰　24
玉米黑粉菌　15
玉米黑松露　15
玉米瘤黑粉菌　15
玉蜀黍黑粉菌　15
玉竹　162
圆果薄菜　69
圆叶鸭跖草　152

## Z

扎蓬蒿　45
扎蓬棵　45
枣皮　100
皂荚　89
皂荚树　89
皂角　89
粘枣　161
朝开暮落花　59
折耳根　26
柘　34
柘树　34
针筒草　58
珍珠菜　73
珍珠菜　75
珍珠草　138
珍珠花　105
珍珠花菜　140

珍珠栗　39
珍珠莲　32
真珠花菜　140
栀子　131
栀子花　131
枳椇　103
中国梧桐　58
中华枸杞　117
中华苦荬菜　148
中华猕猴桃　57
中华水芹　114
中华小苦荬　148
皱果苋　47
诸葛菜　64
猪兜菜　144
猪毛菜　45
猪毛缨　45
猪殃殃　132
槠栗　39
竹参　15
竹笙　15
竹叶菜　152
竹叶草　52
竹叶花椒　109
竹叶椒　109
锥栗　39
梓　129
梓树　129
紫花地丁　60
紫花脸蘑　10
紫花前胡　115
紫萁　20
紫萁贯众　20
紫苏　125
紫藤　91
紫藤萝　91
紫云英　92
棕黄枝瑚菌　7
钻形紫菀　136
钻叶紫菀　136

# 拉丁学名索引

## A

Abelia macrotera　134

Acalypha australis　102

Acer tataricum subsp. theiferum　106

Achyranthes bidentata　48

Actinidia chinensis　57

Adenophora petiolata subsp. hunanensis　130

Adenophora stricta　131

Agaricus campestris　11

Agastache rugosa　120

Agrimonia pilosa　81

Akebia quinata　29

Akebia trifoliata　28

Albizia julibrissin　88

Allium macrostemon　160

Alternanthera sessilis　48

Amana edulis　159

Amaranthus blitum　47

Amaranthus retroflexus　46

Amaranthus spinosus　46

Amaranthus viridis　47

Amorphophallus konjac　151

Amphicarpaea edgeworthii　96

Amygdalus davidiana　87

Angelica decursiva　115

Anredera cordifolia　50

Aralia elata　112

Arctium lappa　143

Artemisia argyi　141

Artemisia capillaris　139

Artemisia japonica　139

Artemisia lactiflora　140

Artemisia selengensis　140

Aster indicus　135

Aster scaber　136

Astragalus sinicus　92

Auricularia auricula-judae　6

Auricularia cornea　7

## B

Barnardia japonica　161

Boletus edulis　14

Bovista pusilla　12

Brasenia schreberi　28

Brassica sp.　64

Broussonetia papyrifera　31

## C

Calvatia craniiformis　13

Calvatia gigantea　13

Calystegia hederacea　118

Camellia oleifera　57

Capsella bursa-pastoris　65

Caragana sinica　92

Cardamine flexuosa　67

Cardamine hirsuta　67

Cardamine leucantha　66

Cardamine lyrata　68

Cardamine macrophylla　66

Carya cathayensis　38

Castanea henryi　39

Castanea seguinii　38

Castanopsis sclerophylla　39

Catalpa ovata　129

Cayratia japonica　105

Celosia argentea　45

Centella asiatica　112

Cerasus conradinae　88

Chenopodium album　44

Chenopodium ficifolium　44

Choerospondias axillaris　107

Chrysanthemum indicum　138

Cirsium arvense var.integrifolium　143

Cladophora spp.　3

Clerodendrum cyrtophyllum　119

Codonopsis lanceolata　130

Coix lacryma-jobi var. ma-yuen　156

Commelina benghalensis　152

Commelina communis　152

Coniogramme japonica　22

Coprinus comatus　12

Corchorus aestuans　58

Cornus kousa subsp. chinensis　101

Cornus officinalis　100

Crassocephalum crepidioides　142

Crataegus cuneata　77

Crataegus hupehensis　76

Crataegus wilsonii　77

Crepidiastrum denticulatum　149

Cryptotaenia japonica　113

Cyclobalanopsis glauca　40

Cyclocarya paliurus　37

## D

Daucus carota　116

Debregeasia orientalis　36

Descurainia sophia　70

Dicranopteris pedata　20

Dictyophora indusiata　15

Dioscorea japonica　164

Diospyros kaki　72

Diospyros kaki var.silvestris　72

Diospyros lotus　73

## E

Eclipta prostrata　137

Elaeagnus glabra　99

Elaeagnus multiflora　99

Elaeagnus pungens　98

Elatostema stewardii　35

Eleutherococcus nodiflorus　111

*Emilia sonchifolia*　142

*Eucommia ulmoides*　29

*Euryale ferox*　27

*Exochorda racemosa*　75

**F**

*Fagopyrum dibotrys*　55

*Fallopia multiflora*　54

*Ficus heteromorpha*　33

*Ficus pumila*　32

*Ficus sarmentosa* var. *henryi*　32

*Ficus tikoua*　33

*Firmiana simplex*　58

*Flammulina filiformis*　9

**G**

*Galinsoga parviflora*　138

*Galium spurium*　132

*Ganoderma lingzhi*　8

*Gardenia jasminoides*　131

*Geum aleppicum*　85

*Ginkgo biloba*　24

*Glechoma longituba*　120

*Gleditsia sinensis*　89

*Glycine soja*　96

*Gonostegia hirta*　36

*Gynandropsis gynandra*　63

*Gynostemma pentaphyllum*　61

**H**

*Hemerocallis citrina*　158

*Hemiboea subcapitata*　128

*Hemisteptia lyrata*　144

*Hibiscus syriacus*　59

*Houttuynia cordata*　26

*Hovenia acerba*　103

*Humulus scandens*　34

*Hydrocharis dubia*　150

**I**

*Ilex cornuta*　101

*Ilex latifolia*　102

*Imperata cylindrica*　156

*Ixeris chinensis*　148

*Ixeris polycephala*　149

**J**

*Juglans mandshurica*　37

**K**

*Kalopanax septemlobus*　111

*Kochia scoparia*　43

*Koelreuteria paniculata*　106

*Kummerowia striata*　93

**L**

*Lactarius deliciosus*　14

*Lactuca indica*　147

*Lamium barbatum*　121

*Lapsanastrum apogonoides*　145

*Leonurus japonicus*　122

*Lepidium apetalum*　65

*Lepista sordida*　10

*Lilium brownii*　159

*Lilium tigrinum*　160

*Lithocarpus glaber*　40

*Litsea coreana* var. *sinensis*　25

*Litsea cubeba*　25

*Lonicera fragrantissima* var. *lancifolia*　133

*Lonicera japonica*　133

*Lycium chinense*　117

*Lycopus lucidus*　124

*Lysimachia clethroides*　73

**M**

*Maclura tricuspidata*　34

*Malus hupehensis*　79

*Malva verticillata*　59

*Marsilea quadrifolia*　22

*Medicago polymorpha*　90

*Mentha canadensis*　124

*Miscanthus lutarioriparius*　155

*Momordica cochinchinensis*　62

*Monochoria vaginalis*　158

*Morchella esculenta*　6

*Morus alba*　30

*Morus australis*　31

*Mucuna sempervirens*　97

*Myosoton aquaticum*　51

**N**

*Nasturtium officinale*　68

*Nostoc commune*　2

*Nostoc sphaeroides*　2

*Nuphar pumila*　27

*Nymphoides peltata*　116

**O**

*Ocimum basilicum*　126

*Oenanthe javanica*　115

*Oenanthe linearis*　114

*Orychophragmus violaceus*　64

*Osmunda japonica*　20

*Ottelia alismoides*　151

*Oxalis corniculata*　110

**P**

*Paederia foetida*　132

*Patrinia villosa*　134

*Perilla frutescens*　125

*Phedimus aizoon*　74

*Phyllostachys glauca*　154

*Phyllostachys heteroclada*　153

*Physalis alkekengi*　117

*Pimpinella diversifolia*　114

*Pistacia chinensis*　108

*Plantago asiatica*　127

*Platycodon grandiflorus*　129

*Pleurotus ostreatus*　9

*Polygonatum cyrtonema*　161

*Polygonatum odoratum*　162

*Polygonum aviculare*　52

*Polygonum hydropiper*　53

*Polygonum lapathifolium*　53

*Polygonum perfoliatum*　54

*Portulaca oleracea*　49

*Potentilla chinensis*　86

*Potentilla discolor*　86

*Potentilla supina* 87

*Premna microphylla* 119

*Prunella vulgaris* 121

*Pseudognaphalium affine* 137

*Pseudostellaria heterophylla* 50

*Pteridium aquilinum* var. *latiusculum* 21

*Pueraria montana* 97

*Pyracantha fortuneana* 76

*Pyrus betulifolia* 78

*Pyrus calleryana* 79

## Q

*Quercus acutissima* 41

*Quercus aliena* 42

*Quercus fabri* 43

*Quercus serrata* 42

*Quercus variabilis* 41

## R

*Ramaria flavobrunnescens* 7

*Reynoutria japonica* 55

*Rhododendron simsii* 70

*Rhus chinensis* 107

*Rhynchosia volubilis* 98

*Ribes fasciculatum* var. *chinense* 75

*Robinia pseudoacacia* 91

*Rorippa globosa* 69

*Rorippa indica* 69

*Rosa laevigata* 80

*Rosa multiflora* 80

*Rosa roxburghii* 81

*Rubus corchorifolius* 83

*Rubus coreanus* 84

*Rubus hirsutus* 84

*Rubus lambertianus* 82

*Rubus parvifolius* 85

*Rubus rosifolius* 83

*Rumex acetosa* 56

*Rumex japonicus* 56

## S

*Sagittaria trifolia* 150

*Salix matsudana* 63

*Salsola collina* 45

*Salvia miltiorrhiza* 123

*Salvia plebeia* 123

*Sanguisorba officinalis* 82

*Sanicula chinensis* 113

*Schisandra chinensis* 26

*Sedum sarmentosum* 74

*Senna tora* 89

*Silene conoidea* 52

*Smilax china* 163

*Smilax riparia* 162

*Sonchus asper* 146

*Sonchus oleraceus* 146

*Sonchus wightianus* 147

*Sorbus alnifolia* 78

*Spirogyra* spp. 3

*Stachys sieboldii* 122

*Staphylea bumalda* 105

*Stellaria media* 51

*Styphnolobium japonicum* 90

*Symphyotrichum subulatum* 136

*Synurus deltoides* 144

## T

*Talinum paniculatum* 49

*Taraxacum mongolicum* 145

*Toona sinensis* 108

*Trapa incisa* 100

*Tricholoma matsutake* 10

*Trichosanthes kirilowii* 62

*Trigonotis peduncularis* 118

*Typha orientalis* 157

## U

*Ulmus pumila* 30

*Umbilicaria esculenta* 18

*Urtica fissa* 35

*Usnea longissima* 18

*Ustilago maydis* 15

## V

*Vaccinium bracteatum* 71

*Veronica polita* 127

*Veronica undulata* 128

*Viburnum dilatatum* 135

*Vicia cracca* 95

*Vicia hirsuta* 95

*Vicia sativa* 94

*Vicia tetrasperma* 94

*Vicia unijuga* 93

*Viola acuminata* 60

*Viola arcuata* 61

*Viola philippica* 60

*Vitis davidii* 104

*Vitis flexuosa* 104

*Vitis heyneana* 103

*Volvariella volvacea* 11

## W

*Wisteria sinensis* 91

*Wolfiporia extensa* 8

## Y

*Youngia japonica* 148

*Yulania denudata* 24

## Z

*Zanthoxylum ailanthoides* 110

*Zanthoxylum armatum* 109

*Zanthoxylum simulans* 109

*Zingiber mioga* 157

*Zizania latifolia* 154